NOTES

POUR SERVIR A L'HISTOIRE

DES

INSECTES NUISIBLES

A L'AGRICULTURE,

A L'HORTICULTURE ET A LA SYLVICULTURE

DANS LE

DÉPARTEMENT DE LA MOSELLE.

PAR

J.-B. Géhin,

Membre de plusieurs Sociétés savantes nationales et étrangères.

—◦→→→•◉•←←←◦—

N° 3.

INSECTES QUI ATTAQUENT LES POIRIERS.

PREMIÈRE PARTIE. — *COLÉOPTÈRES.*

~~~~~~~~

Extrait du 8ᵉ Bulletin de la Société d'Histoire naturelle du département de la Moselle ; 1856-1857.

~~~~~~~~

METZ,

Imprimerie, Librairie & Lithographie de Jules VERRONNAIS,
rue des Jardins, 14.

—

1857.

NOTES

POUR SERVIR A L'HISTOIRE

DES INSECTES NUISIBLES

DANS LE

DÉPARTEMENT DE LA MOSELLE.

N° 3.

INSECTES QUI ATTAQUENT LES POIRIERS.

Première Partie. — *Coléoptères*.

METZ. — TYP. J. VERRONNAIS.

NOTES

POUR SERVIR A L'HISTOIRE

DES

INSECTES NUISIBLES

A L'AGRICULTURE,

L'HORTICULTURE ET LA SYLVICULTURE

DANS LE

DÉPARTEMENT DE LA MOSELLE.

PAR

J.-B. Géhin,

Membre de plusieurs Sociétés savantes nationales et étrangères.

═══◈═══

N° 3.

INSECTES QUI ATTAQUENT LES POIRIERS.

PREMIÈRE PARTIE. — *COLÉOPTÈRES.*

⌇⌇⌇⌇⌇

Extrait du 8ᵉ Bulletin de la Société d'Histoire naturelle du département de la Moselle ; 1856-1857.

⌇⌇⌇⌇⌇

METZ,

Imprimerie, Librairie & Lithographie de JULES VERRONNAIS,
rue des Jardins, 14.

1857.

NOTES

POUR SERVIR A L'HISTOIRE

DES INSECTES NUISIBLES

DANS LE

DÉPARTEMENT DE LA MOSELLE.

~~~~~~~~

INSECTES QUI VIVENT SUR LE POIRIER.

~~~~~~~

PREMIÈRE PARTIE.

COLÉOPTÈRES.

Par J.-B. GÉHIN, Pharmacien,

Membre de la Société d'Histoire naturelle de la Moselle.

———∞∞⋈∞∞———

Au mois de septembre 1855, la Société d'horticulture du département de la Moselle me faisait l'honneur de me consulter sur l'origine et la nature d'une sorte de galle, qui avait envahi les feuilles des Poiriers d'un grand nombre de jardins de Metz et des autres parties du département.

Étant, jusqu'alors, resté étranger à ces sortes de recherches, et, trompé par l'apparence toute particulière de ces excroissances, j'en attribuai le développement au travail d'un insecte, et je considérai leur présence, comme la conséquence des piqûres faites par les femelles, pour déposer leurs œufs dans le parenchyme de la feuille, et préparer ainsi les aliments nécessaires à la subsistance de la jeune larve.

Dans le rapport que j'adressai à ce sujet à la Société

1

d'horticulture, tout en reconnaissant que ces végétations parasites étaient dues au développement de l'*OEcidium cancellatum*, de Persoon, j'avais encore fait des réserves sur l'origine de ce Cryptogame. Malgré la vieille expérience du naturaliste de Saint-Sever, mais entraîné par une grande ressemblance avec certaines galles, par des idées préconçues, et aussi par des doutes exprimés par des entomologistes d'un grand mérite, je croyais pouvoir découvrir la trace de quelque insecte, lors de l'apparition du parasite des feuilles du Poirier. Aujourd'hui, le doute n'est plus permis, et, grâce à l'obligeance de plusieurs propriétaires des environs, j'ai pu, en 1856, suivre le développement de l'OEcidium cancellatum, depuis le moment où il apparaît sur la feuille, jusqu'au moment où ses sporules se dispersent pour reproduire, l'année suivante, de nouvelles galles, sur les nouvelles feuilles du Poirier.

Comment le Mycellium de ce parasite pénètre-t-il toutes les parties de l'arbre, pour ne développer ses conceptacles que sur les parties vertes ou herbacées de la plante? C'est là une mystérieuse reproduction pour les Cryptogames épiphytiques qui est encore entourée de beaucoup d'obscurité, et les travaux des mycologues les plus distingués n'ont pas encore élucidé la marche de cette singulière végétation. A ce sujet, je me hâte de faire une rectification importante sur les moyens que j'ai indiqués pour la destruction de ces Champignons. Celui que je considère comme le seul praticable et le seul efficace, d'après les expériences faites en 1855 et 1856, c'est la combustion de toutes les feuilles atteintes. On aura soin de les enlever avant la maturité des sporules, en août, pour la plus grande partie, et après la récolte des fruits, pour le reste.

Pour en finir avec cet OEcidium, je dirai que, malgré toutes mes recherches, je n'ai trouvé *qu'un seul* insecte dans les conceptacles de plusieurs centaines de ces Cryptogames.

C'est un petit Staphylinien, de la tribu des Sténides (le *Stenus juno* de Gravensh.). Pour ceux qui connaissent les mœurs de ces insectes, il est évident que ce n'est que par hasard qu'il se trouvait là, et qu'on ne saurait lui attribuer aucune part dans la production ou le développement du Champignon parasite des feuilles du Poirier.

Mais avant d'arriver aux conclusions qui précèdent, j'ai dû observer la marche du phénomène, et me convaincre qu'aucun des insectes signalés par les auteurs, comme vivant en parasites sur les Poiriers, ne contribue en rien à la manifestation de l'invasion cryptogamique.

C'est en faisant des recherches à ce sujet que je ne tardai pas à reconnaitre, qu'en France du moins , les travaux sur les insectes nuisibles avaient été singulièrement négligés, et que, depuis les mémoires des grands naturalistes du siècle dernier, les horticulteurs et les entomologistes de notre pays, s'étaient en général fort peu préoccupés de l'étude des mœurs des insectes nuisibles aux arbres fruitiers, à ceux des forêts, aux plantes utiles ou à celles d'agrément (1).

C'est alors que je formai le projet de réunir les observations recueillies par moi depuis longtemps, et de publier *un essai* sur les insectes nuisibles au Poirier. Pour justifier l'opportunité d'un travail de cette nature, je vais citer et examiner quelques uns des principaux articles publiés en France, depuis une vingtaine d'années, concernant les insectes nuisibles au Poirier (2).

(1) Il faut toutefois faire exception pour le travail remarquable et tout à fait hors ligne que publie en ce moment M. Ed. PERRIS, sur les insectes du Pin maritime. Voyez annales de la Société entomologique de France, années 1854, 1855, 1856.

(2) Pour avoir une liste à peu près complète des travaux spéciaux de cette nature publiés avant 1836, voyez : PERCHERON, Bibliographie entomologique, Paris, 1837, 2 vol. in-8°.

1° **1836**. — *Ann. de la Société entomologique de France;* page LXX du bulletin.

Audouin y signale une larve de Coléoptère (Serricorne), qui se creuse des galeries dans les jeunes branches du Poirier.

2° **1838**. — *Mémoire de l'Académie des Sciences et Belles-Lettres de Dijon;* page 65.

M. Vallot y publie un mémoire sur les fausses galles des fleurs du Pommier et du Poirier. « Au printemps, dit M. Vallot, on peut voir, sur les Pommiers et les Poiriers de nos jardins, des fleurs qui ne s'épanouissent pas; leurs pétales restent unis, présentent une couleur rousse, et forment alors le clou de girofle. »…. et plus loin « Ayant suivi le développement de cette larve, rangée par le vulgaire parmi celles appelées *Mazars* (du nom patoi *Mazar*, mangeur), j'ai obtenu l'insecte à la fin de mai : c'est un insecte appelé Charançon brun à écusson blanc, par Geoffroy; — Curculio pomorum, par Linné en 1764; — Curculio fuscus, par Gmélin, en 1762; — Curculio scutellaris, dans l'encyclopédie d'Histoire naturelle, tome V, page 521; — Curculio brunnirostris, par Olivier; — Rhynchœnus pomorum, par Olivier en 1789; — Erirhinus scirrhosus, par Schœnherr. »

Je n'ai pas vu l'insecte dont veut parler M. Vallot; mais, par ce qu'il dit de ses mœurs, on doit penser qu'il a voulu décrire l'*Anthonomus pomorum* de Germar, lequel est en effet le *Curculio pomorum*, de Linné, mais qui est bien différent du *Curculio fuscus*, de Gmélin, inconnu à Schœnherr lui-même; ce ne peut être non plus le *Curculio fuscus*, de Degéer, car celui-ci appartient au genre *Erirhinus*, de Schœnh., et les insectes de ce genre ont des mœurs qui ne laissent aucun doute sur leur différence avec celui qui a été signalé à l'Académie de Dijon.

Le *Curculio brunnirostris*, d'Olivier, est bien l'*Erirhinus scirrhosus*, de Schœnherr, mais ce n'est pas l'*Anthonomus pomorum*, de Germar, dont M. Vallot a voulu établir la synonymie. Je doute d'ailleurs que l'Erirhinus, dont il est question, vive sur les arbres fruitiers, car, outre que je ne l'y ai jamais rencontré, Gyllenhal, qui connaissait bien les mœurs des insectes de son pays, dit positivement, à propos de ce Charançon : « *habitat locis humentibus*, » indication qui s'accorde parfaitement avec ce que l'on sait des mœurs de cet insecte et de celles de ses congénères *Sparganii, Festucœ, Caricis, Nerœis, Palustris*, etc., etc., qui vivent en effet sur les plantes aquatiques ou marécageuses.

3° **1838**. — *Encyclopédie d'histoire naturelle ;* tome VII, page 311.

On y lit : « Il y a un Charançon, dont la larve habite dans les fleurs du Poirier, qui les empêche de s'épanouir et de donner des fruits. »

Il est probable que c'est encore de l'*Anthonomus pomorum* dont il est question ; mais de quelle manière cette larve arrive-t-elle dans les boutons à fleurs ? Quel est le moyen de la détruire ou d'en diminuer le nombre... etc. ? — Telles sont les questions dont la solution importe plus particulièrement à l'arboriculteur, et dont il n'est pas fait mention dans l'article de l'Encyclopédie.

4° **1839**. — *Dictionnaire pittoresque d'Histoire naturelle*, de M. Guérin Menneville ; tome VIII, page 195, article Poirier.

Comme insectes particulièrement nuisibles à cet arbre, on cite seulement le *Tigre* ou Puceron des Poiriers (*Tingis pyri*, des entomologistes) et la *Punaise à fraise antique* de Geoffroy.

Au tome IX, page 307, du même ouvrage, et à l'article Tenthrèdides, on cite encore, comme étant nuisibles aux Poiriers, la larve ou fausse Chenille de l'*Allantus Œthiops*, de Fabricius ; c'est le *Ver limace* décrit par Degéer dans ses mémoires.

5° **1839**. — *Mulsant* ; *Histoire naturelle des Coléoptères de France ;* 1ʳᵉ partie, Longicornes.

Dans cette monographie, M. Mulsant indique plusieurs espèces dont les larves vivent dans le Poirier, telles que : *Polyopsia præusta* et *Phytæcia nigricornis*, de Linné, et d'autres qui habitent dans les arbres fruitiers en général ; mais l'auteur n'entre dans aucuns détails sur leurs mœurs, la nature des dommages qu'elles occasionnent, etc., etc.

6° **1840**. — *Suites à Buffon ;* édit. Dumèril.

M. E. Blanchard, qui a fait l'histoire des insectes compris dans cet ouvrage, y signale quelques espèces comme vivant sur le Poirier, et plus particulièrement : *Psylla pyri* de Burmeister (*Chermes pyri*, de Linné) qui se trouve dans la plus grande partie de l'Europe.

7° **1844**. — *Annales de la Société entomologique de France ;* tome II, 2ᵉ série, page 451.

Dans ce volume, M. Goureau donne des détails fort intéressants sur la larve de la *Saperda scalaris*, qu'il a trouvé sur un tronc de Poirier.

M. Goureau ajoute encore : « Le 5 mai 1855, ayant soulevé un grand fragment d'écorce à un Poirier abattu depuis plusieurs mois, je vis une multitude d'insectes de différentes espèces : il y avait en abondance des *Ditoma crenata ; Sylvanus unidentatus ; Platypus cylindrus ; Hololepta depressa*, et en outre, un nombre presqu'infini de larves et de chrysalides d'une espèce de *Scolytus* d'une taille intermédiaire entre le *Destructor* et l'*Intricatus*. On y distinguait aussi des larves et des chrysalides d'une dimension beaucoup plus grande, appartenant au *Leiopus nebulosus* et à la *Saperda scalaris*, qui se tenaient sous l'écorce même, ou enfoncées dans l'aubier. Je ne dois pas omettre de dire qu'au milieu de cette multitude pacifique, se trouvaient plusieurs larves d'*Elater*, d'une humeur moins douce, vivant à discrétion au sein de la plus grande abondance, et dévorant celles de ces larves qui leur convenaient. »

8° **1845.**— *Histoire des insectes*, par M. Emile Blanchard.

Dans cet ouvrage, on trouve une grande quantité de détails sur les mœurs de beaucoup d'insectes de tous les ordres. Voici cependant tout ce qu'il contient, relativement à ceux qui vivent sur le Poirier :

Tome I, page 58. « Le genre *Ynostemma*, renferme particulièrement une espèce (*Ynostemma Boscii*, Lepelletier), qui a été signalée comme vivant sur les Poiriers ; mais il nous paraît plus probable que cet Iliménoptère, venait attaquer d'autres insectes habitant ces arbres fruitiers. »

Page 190. « On a décrit plusieurs larves de *Lydas ;* quelques-unes d'entre elles vivent sur le Poirier, telle est la Lyda des forêts (*Lyda sylvatica*, Fabr.). »

Tome II, page 80. « Une espèce voisine (*Agrilus pyri*, Blanchard) passe ses premiers états sur les branches du Poirier. »

Page 86. « M. Waterhouse a fait connaître la larve du Dasyte serricorne (*Dasytes serricornis*, Parreys) ; elle vit sur le Poirier. »

Page 122. « L'Anthonome des Pommiers (*Anthonomus pomorum*, Sch.) attaque les fleurs, et quelquefois les fruits, des Pommiers et des Poiriers. »

Page 408. « Le type du genre Carpocapsa (la *Carpocapsa pomonana*, Linn.) est très-nuisible aux fruits, sa chenille vivant dans l'intérieur des poires et des pommes. »

Page 410. « L'*Hyponomeuta padella* (F.), dévaste de la même manière que l'*Hyponomeuta evonymella* (Linn.), les Poiriers et les Pommiers. »

9° **1846.** — *De la taille du Poirier et du Pommier en fuseau*, par Choppin (Bar-le-Duc, 1846).

Au Chap. IV, l'auteur cite comme animaux nuisibles aux

Poiriers : 1° les Pucerons ; 2° les Punaises grosses et petites; 3° diverses espèces de Chenilles; 4° enfin des petits Vers.

10° **1848**. — *Cours de Zoologie Forestière*, par Auguste Mathieu, professeur à l'école impériale forestière de Nancy.

On trouve, dans cet ouvrage, les renseignements suivants, concernant les insectes du Poirier :

Tome II, page 15. « Les Sinodendres vivent, à l'état de larve, dans les Chênes et les Poiriers. »

Page 94. « Les Anthonomes hivernent à l'état parfait, sous les écorces et au pied des arbres; au printemps, ils se trouvent sur les Pommiers, les Poiriers, suivant les espèces. »

Page 204. « La Vanesse grande tortue, est quelquefois assez nuisible en rongeant les feuilles des Ormes, celles des Poiriers, etc. »

Page 219. « La Chenille du Bombyx livrée (*Bombyx neustria*, Lin.) attaque tous les arbres fruitiers, mais particulièrement les Pommiers, les Poiriers, etc. »

Page 235. « Les Chenilles de ces teignes (*Tinea padella*, Lin. ; *Cognatella*, Hubner, etc.) vivent sur différents végétaux : le Fusain, le Cerisier, le Poirier, etc. » .... « elles y forment des sociétés quelquefois tellement nombreuses, que l'arbre paraît enveloppé d'une seule toile, et est dépouillé de toutes ses feuilles. »

11° **1851**. — *Dubreuil*; *Cours élémentaire d'horticulture.*

Le savant professeur d'arboriculture signale, comme nuisibles aux arbres à fruits, à pépins : « le Tigre, le Hanneton, les Charançons de plusieurs espèces, dont nous citerons particulièrment deux, l'un gris, l'autre vert, connus sous les noms de *Lisette* et de *Coupe-bourgeon*...., diverses Chenilles, particulièrement la *Chenille* (*sic*) d'une Tenthrédide...., d'autres Vers, connus des jardiniers, sous les noms de *Vers, Verdelets*, etc., et qui rongent les sommités des bourgeons. »

Enfin, M. Dubreuil cite encore « les Perce-oreilles, les Fourmis, les Guêpes, les Frelons, les Pucerons, la Pomonelle,
et plusieurs Papillons. »

12° **1851**. — *Macquart*; *Annales de la Société des Sciences
et Arts de Lille. Catalogue des Insectes nuisibles aux arbres
fruitiers.*

Dans ce travail, l'illustre diptérologiste de Lille, signale un
grand nombre d'espèces de tous les ordres, comme vivant
sur le Poirier. Aux espèces déjà mentionnées dans les ouvrages que je viens de citer, il faut encore ajouter les suivantes : *Capnodis tenebricosa* (Fabr.); — *Agrilus viridis*
(Fabr.); —*Hololepta depressa* (Fabr.); —*Osmoderma eremita*
(Fabr.); — *Mecinus pyraster* (Herbst.); — *Phyllobius calcaratus* (Fabr.); — *Bitoma crenata* (Fabr.); — *Platypus
cylindrus* (Fabr.); —*Sylvanus unidentatus* (Fabr.); —*Leiopus
nebulosus* (Fabr.); — *Pamphilus pyri* (Fabr.); — *Aphis
pyri* (Fonscol.); — *Capsus pyri* (Lin.); — *Phytocoris
magnicornis* (Fabr.); — *Aradia lubricipeda* (Fabr.); —
Bombyx quercus (Fabr.); — *Eriogaster everia* (Fabr.); —
Lophopteryx camelina (Lin.); — *Hymeria pennaria* (Lin.);
— *Melanthia fluctuaria* (Boisd.); — *Glyphypterix bergas-
trella* (Fabr.); — *Elachista serratella* (Fabr.); — *Tinea
angustella* (Costa.); — *Tinea cinctella* (Fabr.); — enfin, *Che-
manophila gelatella* (Lin.). — Les renseignements fournis
par Macquart, sont, du reste, extrêmement courts, et portent
plutôt sur l'habitat des insectes ou celui de leurs larves, que
sur leurs mœurs; et les moyens de les détruire y sont d'ailleurs
complètement négligés.

13° **1855**. — *Cours complet d'Agriculture*, par une société de savants; ouvrage en voie de publication.

On trouve au tome XV, page 11, à l'article Poirier, et comme
insectes nuisibles à cêt arbre, les espèces suivantes : « le Tigre;

un Charançon qui, au printemps, dévore les bourgeons;
l'Attelabe alliaire (Rynchites conicus, Illig.), qui coupe les
pétioles des feuilles naissantes; enfin diverses Chenilles mangent les feuilles, et d'autres insectes les fruits. »

A cette liste, on peut encore ajouter les ouvrages spéciaux
publiés, sur les Lépidoptères, par MM. Duponchel, Godard,
Boisduval, etc., etc., et dans lesquels on trouve une foule
d'indications, concernant les mœurs des Chenilles qui vivent
sur les arbres fruitiers en général, ou sur le Poirier exclusivement. Enfin, quoique non publié en France, mais parce
que ce travail est écrit en français et dans une localité
voisine de notre département, je dois surtout signaler un
Catalogue très-intéressant, de tous les végétaux naturels et
cultivés dans les environs de Trèves, avec la liste correspon-
dante de toutes les espèces de Chenilles qui vivent sur chacun
d'eux (1). Je reviendrai d'ailleurs sur ces divers ouvrages lorsque je ferai l'histoire des Lépidoptères, parce que les insectes
de cet ordre, qui vivent sur le Poirier, sont de tous, les plus
nombreux, et ceux dont on remarque plus particulièrement
la multiplication dans certaines années.

D'après les citations qui précèdent, il est facile de voir
combien, en général, les renseignements sont incomplets,
disséminés dans une foule d'ouvrages peu répandus, ou noyés
dans des descriptions scientifiques, où les intéressés ne sau-
raient aller les découvrir. D'autre part, les détails donnés
par les entomologistes sont trop courts, trop superficiels, et
on voit que, presque toujours, ils ne sont fournis que dans
le but de faciliter la recherche des espèces dont il est question, mais non d'éclairer le lecteur sur la nature de leurs

(1) Bulletin de la Société des Sciences naturelles de Luxembourg; année 1854,
page 106, par M. Hymmen de Trèves.

travaux. Les indications fournies par les horticulteurs, sont, au contraire, remplies de fautes synonymiques, et manquent ordinairement des détails nécessaires pour faire reconnaître l'insecte dont il est question. Les uns et les autres, enfin, passent sous silence la partie pratique de la chose, l'indication des moyens employés pour limiter les dégâts, ou ceux à employer pour amoindrir le dommage que nous causent ces petits animaux.

Les immortels travaux de Réaumur ont pendant longtemps rendu inutiles de nouvelles études sur les mœurs des insectes, alors surtout que l'anatomie, la classification et le catalogue de nos richesses étaient encore à faire. Mais, si, sous ce rapport, l'Entomologie française n'a rien à envier à la science des autres pays, nous devons cependant reconnaître qu'en Angleterre et en Allemagne, surtout, l'Entomologie pratique et appliquée y ont acquis un développement à la hauteur des progrès accomplis, dans ces deux pays, en agriculture et en horticulture.

Chez nous, d'ailleurs, les nécessités de la vie et le peu de cas que semble faire le public pour ces sortes de travaux, en éloignent bien du monde ; beaucoup d'entomologistes possèdent de précieux documents sur la vie et les métamorphoses d'une foule d'insectes, mais ils négligent de les publier, dans la crainte, hélas ! peut-être trop réelle, de ne pas être écoutés, et de donner des conseils inutiles. Malgré cette sorte d'indifférence, on finira, tôt ou tard, par reconnaître son erreur ; car si l'on parvient un jour à donner des moyens réellement infaillibles et praticables pour se débarrasser d'un insecte nuisible, ce sera bien certainement à l'Entomologie qu'on le devra, parce qu'avant tout, il faut connaître à fond les mœurs de l'ennemi que l'on veut combattre, et qu'il n'y a qu'un entomologiste qui soit en état de les découvrir et de les apprécier convenablement.

En Allemagne, il est loin d'en être ainsi, et il suffit de citer les ouvrages de Bouché (1); de Freyer (2); de Ratzburg (3); de Schmitberger (4); enfin de Nœrdlinger (5), pour justifier ce que je disais tout à l'heure, des progrès accomplis dans ce pays par l'Entomologie appliquée, progrès intimement liés du reste, à ceux de l'agriculture.

Mais c'est à peine si ces travaux, malgré leur mérite scientifique incontestable, sont connus en France par les entomologistes, et l'on peut affirmer qu'ils y sont complètement inconnus aux horticulteurs. D'ailleurs, plusieurs de ces publications présentent également les imperfections signalées plus haut, et M. Nœrdlinger, qui peut à bon droit passer pour le plus heureux de tous ceux qui ont traité ce sujet, est loin de comprendre, dans son ouvrage, toutes les espèces qui vivent sur le Poirier. Cet auteur, en effet, qui a le mérite d'avoir fait son travail au double point de vue de la science et de la pratique, ne mentionne que 70 espèces environ, comme étant nuisibles au Poirier, tandis que, d'après mes recherches bibliographiques, ma correspondance avec les entomologistes du premier mérite, et mes observations personnelles, j'ai pu cataloguer plus de 150 espèces d'insectes de tous les ordres, comme vivant aux dépens du Poirier. C'est donc plus de deux fois autant d'espèces que n'en signale le professeur de Stuttgard, et le nombre devra encore en être augmenté, quand des recherches suivies auront été faites à la fois, par les jardiniers et les entomologistes.

(1) Naturgeschicht der Schædlichen und etc. ; in-8°, Berlin 1833.
(2) Die Schædlichen Schmetterling, etc.; Augsbourg, 1837.
(3) Die Forst insecten, etc.; Bonn., 1839.
(4) Betreigt zur obst baume zuch und zur Naturgeschicht, etc.; Lintz, 1821-1824-1827-1828-1834.
(5) Die klein Feinde der Landwirschaft, etc.; Stuttgard, 1855.

Ecrire l'histoire de toutes ces espèces, faire connaître la nature et l'étendue du mal qu'elles peuvent nous causer, exposer les moyens de les arrêter ou de les détruire, est une tâche, pour l'accomplissement de laquelle il faut de longues années, et surtout des connaissances entomologiques et horticoles plus étendues que les miennes. Cependant, et malgré mon insuffisance, je crois pouvoir encore être de quelqu'utilité en publiant le résumé de tout ce qui a été écrit à ce sujet, et en ajoutant mes observations personnelles, à cet inventaire, aussi complet que possible, de nos connaissances dans cette partie de l'Entomologie pratique.

Comme il est facile de le penser, toutes les espèces d'insectes signalées comme étant nuisibles aux Poiriers, ne le sont pas au même dégré, ni de la même manière ; aussi les détails que je me propose de donner sur quelques insectes, seront-ils étendus en raison de l'importance de l'organe attaqué, de la fréquence de cette circonstance, ou de l'abondance des individus qui les produisent. D'autre part, voulant surtout donner un cachet d'intérêt local à mon travail, je traiterai avec moins de détails, l'histoire des espèces qui n'ont pas encore été signalées dans nos contrées, mais qui font partie d'une faune plus méridionale, ou qui appartiennent à un autre continent.

A tous les âges et dans toutes les phases de sa végétation, le Poirier est la proie des insectes nuisibles. Le *Melolontha vulgaris*, en attaque les racines ; les *Rhynchites auratus*, *bacchus*, *cuprœus*, etc., en attaquent les jeunes bourgeons ; les *Anthonomus pomorum*, *pyri*, etc., en percent les boutons à fleurs ; la *Carpocapsa pomonana*, en perfore les jeunes fruits ; les *Polydrosus*, les *Phyllobius*, et une foule de Chenilles, la fausse Chenille de l'*Allantus œthtiops*, en mangent les feuilles pendant le jour ; les *Otiorhynchus picipes* et *raucus*, pendant la nuit; la *Formica rufa*, la *Vespa vulgaris*, entament ses fruits quand ils sont mûrs. Sous les écorces des vieux sujets, ou dans les trous de ceux qui sont cariés, vivent les *Sinodendron cylindricum*, la *Saperda scalaris*, tandis que les jeunes pousses sont envahies par les Pucerons, les Chermès et les Psylles, qui en absorbent la sève à mesure qu'elle y afflue. Ce sont là de véritables insectes nuisibles, et ceux dont il importe le plus de connaître les mœurs et les habitudes.

Mais à côté de tous ces insectes, la providence en a placé d'autres qui sont destinés à en limiter le nombre, soit en déposant leurs œufs sur leurs larves ou sur leurs Chenilles, soit en produisant des larves ou des insectes carnassiers, dont la voracité amène la suppression d'un grand nombre des premiers. Ces insectes sont donc, en quelque sorte, les protecteurs de nos arbres fruitiers, et leur histoire est aussi utile à connaître que celles des espèces nuisibles auxquelles ils font la guerre. Mais, pour ne pas étendre trop ce travail, je ne parlerai des insectes de cette catégorie, que lorsqu'ils auront été signalés par des auteurs qui se sont trompés sur leurs mœurs, ou quand il y aura encore quelques doutes sur leur manière de vivre à différents états.

Enfin, quand les arbres sont mal soignés, que leur écorce se couvre de mousse et de lichens; quand ils sont malades ou vieux, et que leur tronc se carie, une foule d'insectes de tous les ordres y viennent chercher un refuge contre les intempéries, durant l'été, ou contre les rigueurs du froid, durant l'hiver; d'autres, au contraire, viennent faire la chasse à ceux qui s'y trouvent, qu'ils soient nuisibles ou protecteurs; quelquefois, aussi, des femelles viennent pondre leurs œufs dans les abris que leur offrent ces troncs malades ou mal entretenus. On comprend sans peine que l'histoire des insectes de cette catégorie ne doit pas figurer dans un travail du genre de celui-ci ; et que la vie d'un *Aphodius* trouvé sous l'écorce d'un Poirier, est aussi indépendante de la vie de cet arbre, que celle de l'abeille qui vient sur la fleur pour en butiner le pollen (1).

Certaines espèces sont malfaisantes dans plusieurs périodes de leurs transformations ; ainsi les *Eccoptogaster pruni* et *rugulosus*, creusent des galeries dans le bois à l'état de larve et à l'état d'insectes parfaits ; le Hanneton mange les feuilles de l'arbre, tandis que sa larve en ronge les racines. Les Fourmis, les Forficules, les Guêpes, ne sont nuisibles qu'à l'état parfait, et les Lépidoptères, qu'à l'état de Chenilles ; d'autres insectes, au contraire, ne sont nuisibles que pour procurer à leur progéniture les aliments nécessaires à leur développement, lorsqu'arrivera le temps de l'éclosion des œufs. Il est donc important de faire connaître, autant que possible, les diverses phases des métamorphoses de ces petits insectes nuisibles, et surtout de bien préciser l'état sous lequel ils sont le plus à redouter.

Pour beaucoup de personnes, les renseignements précis semblent inutiles ou superflus ; c'est à ce défaut d'exactitude qu'il faut attribuer les indications vagues et générales, fournies par plusieurs auteurs qui se contentent de dire : cette espèce vit sur les arbres ; se trouve sur les arbres fruitiers ; ou bien, dans les vergers, dans les jardins, etc., etc. J'ai négligé tous les renseignements de cette nature, et n'ai compris sur ma liste que les espèces observées par moi sur le Poirier, ou signalées par des indications précises des auteurs compétents.

Malgré cette réserve, plusieurs espèces semblent encore

(1) Bien entendu qu'ici je ne fais qu'envisager la question au point de vue entomologique, et que je n'entends pas m'occuper de l'influence que doit avoir le pollen de diverses fleurs d'arbres d'espèces voisines, sur une variété particulière, la conservation de ses qualités, etc.

devoir être rangées dans la troisième des catégories que j'ai établies plus haut, mais j'ai voulu respecter l'autorité de noms célèbres, en laissant, à ces auteurs, la responsabilité des faits qu'ils signalent, et en me réservant de faire connaître mes doutes, quand je parlerai de ces insectes.

C'est particulièrement pour les espèces qui vivent dans le tronc des vieux arbres et dans la vermoulure de leur cavité, que l'on peut concevoir le plus d'incertitude sur la nature des dommages qu'elles occasionnent. En effet, si les larves ou les insectes vivent de la substance même du terreau, il est évident que l'arbre ne saurait souffrir de leur présence ; mais si ces larves ou ces insectes, déchirent le bois avec leurs mandibules pour en extraire le suc, ou pour y attirer la sève, il est certain qu'ils devront causer un dommage considérable aux sujets aux dépends desquels ils se nourrissent (1).

J'ai déjà eu occasion de faire remarquer combien étaient incomplets les renseignements fournis par les entomologistes,

(1) Le terreau (ulmine, acide ulmique etc., des chimistes) se forme comme on sait, par un phénomène d'érémacausie ou de combustion lente, par la combinaison de l'Oxigène de l'air, avec les éléments combustibles du bois (Carbone et Hydrogène), et de laquelle combinaison il résulte particulièrement de l'eau et de l'acide carbonique. Les larves ou les insectes qui vivent dans le terreau, sont donc continuellement plongés dans une atmosphère de ce gaz, et cela quelquefois pendant plusieurs années. Il y a, dans ces conditions particulières à la vie de ces petits animaux, un phénomène physiologique, qui ne semble pas encore avoir été étudié par les naturalistes, et duquel il paraît résulter que l'acide carbonique n'agit pas sur les insectes, comme sur les animaux des classes plus élevées, *que même, il tue par absorption.*

La nutrition des insectes au moyen du terreau est d'ailleurs facile à expliquer, par l'action dissolvante propres aux liqueurs alcalines qu'ils excrétent par la bouche, et qui transforment ainsi l'acide ulmique du terreau, en ulmate soluble et assimilable. Il est très-remarquable de voir la même substance servir à la nutrition des animaux et des végétaux, par suite d'une même combinaison dont elle forme l'élément électro-positif.

et d'autre part, combien étaient inexactes ou insuffisantes, les indications synonymiques et les descriptions données par les horticulteurs. J'ai cherché à éviter ce double défaut; et, sans faire ici un travail monographique, j'ai donné la synonymie la plus complète et la plus exacte possible, en prenant pour guides MM. Mulsant, pour les Lamellicornes et les Longicornes; Schœnherr, pour les Curculionites; Gory ou Ratzburg, pour les Sternoxes; Blanchard ou Fonscolombe, pour les Aphidiens; Macquard, pour les Diptères; Boisduval ou Duponchel, pour les Lépidoptères, etc., etc. Mes descriptions seront aussi courtes que possible, et, cependant, suffisantes pour faire reconnaître l'insecte, et bien préciser l'espèce dont je veux parler.

Souvent il arrive que plusieurs espèces d'un même genre ont des mœurs, si non semblables, au moins fort analogues : c'est ce qui a souvent amené bien de la confusion, et a fait attribuer à un seul insecte, les mœurs de plusieurs de ses congénères. C'est dans le but d'éviter cette erreur que j'ai cru devoir donner les caractères génériques de toutes les espèces que je décris, et, à la suite de ces descriptions, présenter un ensemble de tout ce qui est commun aux espèces d'un même genre.

Un mot, maintenant, sur l'arbre dont je me propose de faire l'histoire entomologique; sur les diverses conditions dans lesquelles il se trouve dans notre département, et sur les principales variétés qui y sont plus particulièrement cultivées.

Le Poirier (*Pyrus Communis*. L.) est un arbre d'une importance très-considérable dans certaines contrées de la France, où on cultive surtout les variétés dont les fruits servent à la fabrication du cidre. Dans le département de la Moselle, où la vigne est cultivée dans une assez grande étendue de territoire, la boisson si chère aux Normands n'est consommée que dans la partie allemande de l'arrondissement de Thionville, et dans presque toute l'étendue de celui de Sarreguemines. Il y a 25 ou 30 ans, on y cultivait alors, dans une plus grande proportion qu'aujourd'hui, l'espèce sauvage et quelques-unes de ses variétés. Je n'ai pu connaître les raisons qui avaient amené l'abandon de cette production, dont on retrouve encore des traces dans les nombreux Poiriers disséminés dans les autres cultures de cette partie de la Moselle, d'où ils ne tarderont pas à disparaître, à cause de leur vétusté et du peu de soins dont ils sont l'objet.

Dans les environs de Metz, c'est surtout comme arbre à fruit de table qu'on y cultive le Poirier; et, quoique restreint à cet usage, il occupe encore une place importante dans nos cultures; et le nombre des variétés qu'on y élève, dépasse certainement la centaine.

C'est principalement sur les côtes de la rive gauche de la Moselle, entre Metz et Hayange, et plus spécialement à Smécourt, Fèves, Marange, Sylvange, Rombas, etc., que le Poirier est cultivé en plus grande quantité, et ce sont les produits de ces localités qui alimentent les marchés de Metz.

A l'état sauvage, le Poirier existe dans toutes les forêts du département, et c'est là que l'on va chercher les sujets sur lesquels on greffe les variétés cultivées. Dans le Luxembourg et la Prusse Rhénane, cet arbre y est même assez abondant pour qu'on en recueille les fruits qui servent ensuite à fabriquer une eau-de-vie de poire, assez estimée dans ces contrées.

Le Poirier est assez rustique, et il croit bien dans tous les terrains de la couche cultivable du département; dans les terres argileuses fortes, il est généralement plus vigoureux que dans les terrains calcaires. En somme, il paraît que, dans notre climat, ce sont les terrains argilo-calcaires qui lui conviennent le mieux.

Depuis plusieurs années, une maladie particulière sévit sur un grand nombre de variétés anciennes ; malgré toutes les recherches des horticulteurs et des entomologistes, la cause de cette maladie reste encore inconnue, et ses progrès constants menacent de stérilité tous les Poiriers de nos environs. J'ai eu beau en explorer un grand nombre et des plus malades, je n'ai pu y découvrir aucune espèce d'insecte assez fréquente et assez abondante, pour qu'on pût raisonnablement lui attribuer une part quelconque dans la propagation de cette sorte de *brûlure*.

Jusqu'à présent, il ne me semble pas que telle variété soit, plutôt que telle autre, plus souvent ou plus fortement attaquée par les insectes ; mais il me parait que le mode de culture influe, au contraire, considérablement sur leur propagation et leur multiplication.

Dans les jardins, ces arbres sont en général l'objet de soins plus constants : les visitant souvent, on s'aperçoit vite de l'attaque des insectes, et on se hate d'y porter remède. Par la taille et par l'ébourgeonnement, on supprime beaucoup de jeunes branches, et on enlève ainsi les aliments de bon nombre d'espèces qui vivent dans l'intérieur de ces organes, tels que *Agrilus*, *Polyopsia*, etc. ; enfin, la propreté dans laquelle les jardiniers soigneux entretiennent le tronc des arbres, contribue aussi à produire ces résultats, car en raclant la mousse et les lichens, en bouchant les crevasses, etc., ils enlèvent aux insectes ou à leurs larves, l'abri que ceux-ci trouvent sur des arbres mal entretenus, lorsque les intempéries les forcent à quitter les fleurs, les feuilles, les bourgeons ou les fruits sur lesquels ils exercent leurs ravages.

La forme que l'on donne aux arbres ne parait pas non plus être sans influence ; ainsi, le Tigre (*Tingis pyri*) et le ver Limace (*Allantus œthiops*) attaquent de préférence les Poiriers cultivés en espalier. Les Chenilles des *Bombyx dispar* et *Chrysorrhoa* les épargnent, au contraire, et se rencontrent plus ordinairement sur les hauts-vents. *L'Apion pomonæ* et *l'Anthonomus pomorum* paraissent préférer les arbres élevés en quenouille ou en cordons. En général, les hauts-vents sont plus exposés que les autres aux ravages des insectes, soit à cause des soins qui leur manquent, soit par leur agglomération sur une grande étendue de terrain, quand ils sont l'objet d'une culture spéciale, comme par exemple, sur les côtes de la rive gauche de la Moselle, soit enfin par leur voisinage avec d'autres cultures analogues. C'est surtout dans ces derniers cas que l'on rencontre ces invasions si désastreuses des Chenilles de plusieurs espèces du genre Bombyx, comme on a eu occasion de l'observer quelquefois dans les vergers de Lorry, de Plappeville, etc., etc.

Combien de fois n'ai-je pas eu occasion de reconnaitre la vérité de ce qui précède, dans une chasse de plusieurs heures faite dans des jardins bien entretenus : c'est à peine si je rencontrais quelques rares individus d'un petit nombre d'espèces d'insectes nuisibles, tandis qu'il me suffisait souvent de quelques instants pour constater, dans les vergers mal soignés, la présence de 10 à 15 espèces d'insectes exerçant, souvent en nombre considérable, leur ravage sur les arbres.

La nature du sujet sur lequel on greffe, ne me parait pas non plus être sans influence, relativement aux attaques des insectes. Ainsi, on a remarqué que le Hanneton nuit beaucoup aux arbres greffés sur franc, tandis qu'il semble, au contraire, ménager ceux qui sont greffés sur Coignassier. La nature du terrain y est aussi très-probablement pour quelque chose ; mais, malgré mes recherches dans le but d'éclairer cette question, je ne puis rien conclure en ce moment.

A part ces particularités, on peut dire que tous les Poiriers, jeunes ou vieux, petits ou grands, espaliers ou hauts-vents, sauvages ou cultivés, sont attaqués par des insectes, mais qu'il y a des circonstances particulières qui les disposent tous à l'être d'avantage ou plus profondément. Leur état de vigueur ou de maladie est, pour les horticulteurs, la cause qui, sous ce rapport, a le plus d'influence sur le développement des insectes nuisibles. Beaucoup d'entomologistes, au contraire, prétendent que les insectes attaquent d'abord les arbres sains, et que la maladie dont ils sont ensuite atteints, n'est que la conséquence de l'invasion de ces parasites. Il y a, je crois, exagération de part et d'autre, et, tout en reconnaissant que des arbres sains et vigoureux sont quelquefois attaqués par les insectes, il ne faut pas croire que leur maladie n'ait que ces petits animaux pour cause déterminante. Il est bien entendu, qu'il ne saurait être question ici de quelques rares individus, mais que dans la discussion présente, je ne parle que des grandes invasions de Bombyx, de Phyllobius, d'Allantus œthiops, etc. Les horticulteurs ne voient souvent que le résultat final ; et, de ce que des arbres malades et languissants sont envahis par les *Capsus pyri, Psylla pyrisuga*, etc., il ne faut pas en conclure que ce soient ces hémiptères qui ont déterminé leur état maladif. Ainsi, la maladie toute spéciale dont sont atteints presque tous les arbres fruitiers d'anciennes espèces, et plus particulièrement ceux des côtes de Marange, de Smécourt, de Fèves, de Rombas, etc., jointe à la vétusté d'un grand nombre de sujets, nous autorisent à prédire, que, d'ici à quelques années, il y aura un développement considérable d'insectes, si l'on n'exécute le vœu souvent exprimé par les hommes compétents, lequel consiste à rajeunir par des greffes nouvelles, la plus grande partie des anciennes espèces cultivées dans ces localités. Si, comme il arrive trop souvent, on néglige les avertissements donnés par des praticiens expérimentés et consciencieux, et que mes prévisions viennent malheureusement à se réaliser, on ne manquera pas de mettre sur le compte des insectes, les accidents qui doivent nécessairement se manifester avec ou sans leur concours, mais dont ils ne feront que hâter l'apparition ou augmenter l'intensité.

L'époque à laquelle apparaissent certaines espèces d'insectes est aussi très-importante à considérer, soit au point de vue des dommages qu'elles peuvent causer, soit à celui des moyens à mettre en usage pour les combattre. Ainsi, par exemple, depuis plusieurs années, le Ver limace a fait une invasion générale sur tous les Poiriers, particulièrement sur ceux qui sont cultivés en espalier, dans le nord-est du département de la Moselle ; et cependant, les dommages qu'il y a causés, sont presqu'insignifiants, parce que son apparition n'a lieu qu'en août ou en septembre, et qu'à cette époque de l'année, les fruits étant presque mûrs, la suppression d'un plus ou moins grand nombre de feuilles est indifférente à la végétation de l'arbre. En 1855, au contraire, les Poiriers des environs de Vitry-le-Français ont souffert considérablement, parce que cette fausse Chenille y a fait son invasion dès le mois de juin, alors que la plante a besoin de tous ses organes respiratoires.

Voilà, en résumé, dans quelles conditions se trouve maintenant le Poirier cultivé dans le département, et sur lequel nous allons faire, de la base au sommet, une chasse entomologique, fructueuse à toutes les périodes de sa végétation. Toujours nuisibles et souvent désastreux, les insectes qui vivent sur cet arbre doivent constamment tenir le jardinier en éveil, et les ruses dont ils font usage épuisent souvent toutes les ressources de l'horticulteur pour arriver à les combattre avec efficacité. Enlèvement des mousses et des lichens qui salissent le tronc des arbres ; abattages de ceux-ci quand ils sont vieux, cariés ou malades ; badigeonnage à la chaux ou avec des eaux du gaz ; insufflation de cendres fines ou de chaux vive ; arrosages avec des eaux salées, alcalines, ou des décoctions de tabac ; fumigations sulfureuses ou narcotiques : tels sont les moyens généraux mis en usage pour se débarrasser de ces parasites incommodes. Je reviendrai, d'ailleurs, particulièrement sur ces diverses méthodes, en faisant l'histoire de chaque insecte (1).

Pour exécuter le travail que j'entreprends, la marche qui semble la plus naturelle à suivre, c'est celle qui consiste à examiner la plante successivement dans les phases diverses et successives de sa végétation, et à faire l'histoire des insectes à mesure qu'ils viennent en attaquer une partie ; ou bien encore, à prendre les divers organes du végétal, et à indiquer quelles sont les espèces qui leur portent préjudice. Mais, bien qu'un grand nombre d'insectes aient des habitudes bien caractérisées, il en est aussi beaucoup qui sont d'une humeur plus vagabonde et qui ont des appétits moins constants ; d'autres ont deux générations dans l'année ; ceux-ci attaquent indifféremment toutes les parties de la plante ; ceux-là, au contraire, ne touchent à un organe que parce qu'un autre fait défaut, ou que déjà ils l'ont fait disparaître.

Quel que soit d'ailleurs l'ordre que l'on adoptera, il offrira des avantages et des inconvénients, selon qu'on l'examinera au point de vue de la pratique ou à celui de la science. Après bien des tâtonnements, j'ai fini par me déterminer à suivre la classification des naturalistes, me réservant de donner ensuite

---

(1) Outre ces moyens artificiels de détruire ou d'empêcher le développement des insectes, les jardiniers reçoivent un secours constant et souvent très-efficace de la part des Chauves-Souris, Hérissons, Musaraignes, Oiseaux d'un grand nombre d'espèces, Lézards, Araignées, Carabes, etc., qu'ils devront s'attacher à protéger, au lieu de s'acharner à leur destruction, comme on le fait généralement.

des tableaux qui pourront conduire à la détermination des espèces, soit que l'on possède l'insecte lui-même, soit que l'on connaisse la nature des dégâts qu'il occasionne.

J'ai dit dans le commencement que le nombre des espèces d'insectes qui attaquent le Poirier s'élève à plus de 150. Faire un pareil travail d'ensemble était au-dessus de mes forces : tenant, autant que possible, à vérifier les faits que j'avance, et, sachant que tout est à faire dans certains ordres, j'aurais été obligé d'en ajourner encore longtemps la publication, si je n'avais pu diviser ma tâche en trois parties, dont chacune comprendra environ une cinquantaine d'espèces ; cette division aura aussi l'avantage de lier entre eux les insectes qui ont le plus d'analogie.

La première partie, que je publie aujourd'hui, comprend l'ordre des Coléoptères. La seconde, pour laquelle j'ai déjà de nombreux matériaux, dont la plupart sont encore inédits, comprendra les Orthoptères, les Hémiptères, les Thysanoptères, les Hyménoptères et les Diptères ; enfin, la troisième partie ne renfermera, non plus, qu'un seul ordre, celui des Lépidoptères, dont les Larves ou Chenilles sont en général les animaux les plus nuisibles à nos cultures.

Loin de moi, cependant, la prétention d'avoir indiqué tous les parasites du Poirier : aussi, est-il probable qu'un supplément général deviendra nécessaire, soit pour y ajouter des espèces nouvelles qui peuvent m'avoir échappé jusqu'à ce jour, soit pour y consigner les observations que je sollicite de la part de tous les jardiniers, et de tous les entomologistes qui comprennent l'importance du sujet. Ainsi que je l'ai dit en commençant, je n'ai voulu faire qu'un résumé de tout ce qui avait été écrit jusqu'ici, en y ajoutant le résultat de mes observations personnelles; et, en ouvrant la voie pour préparer l'histoire complète des insectes nuisibles à un arbre très-répandu et dont les fruits tiennent une place importante dans l'alimentation, j'ai surtout cherché à être clair, vrai et utile.

Avant de terminer ces préliminaires, un peu longs peut-être, je dois adresser des remerciments aux personnes qui ont bien voulu m'aider de leurs conseils et mettre à ma disposition les matériaux qu'elles possédaient concernant les insectes qui vont m'occuper. Ce sont plus particulièrement MM. Léon Dufour, de Saint-Sever; Ed. Perris, de Mont-de-Marsan; Colonel Goureau, Émile Blanchard, Docteur Sichel, Amyot et Chevrolat, de Paris; Mathieu, de Nancy; Dutreux, de Luxembourg; Bellevoie, Guillemard, Fridrey et Thomas, de Metz, etc...... C'est aux bons avis des uns et à la complaisance des autres, que je devrai d'avoir pu mener à fin, l'essai que j'ai l'honneur de présenter à la Société d'Histoire naturelle de Metz.

Metz, 20 Novembre 1856.

LISTE des Espèces de **Coléoptères** qui vivent sur le Poirier.

SCARABÉIENS.	OSMODERMA EREMITA (L.).	La larve vit dans le bois.
	MELOLONTHA VULGARIS (F.).	La larve vit dans la terre et l'insecte mange les feuilles.
LUCANIENS.	SINODENDRON CYLINDRICUM (L.).	La larve vit dans le bois.
HISTÉRIENS.	PLATYSOMA DEPRESSUM (Fabr.)	Ces insectes vivent sous les écorces; ils paraissent plutôt être protecteurs que nuisibles.
TROGOSSITIENS.	THYMALUS LIMBATUS (Latr.).	
COLYDIENS.	DITOMA CRENATA (Herbst).	
CUCUJIENS.	SILVANUS UNIDENTATUS (Fabr.)	
MALACHODERMES.	DASYTES SERRICORNIS (Parr.).	La larve vit dans les jeunes branches.

BUPRESTIENS.	CAPNODIS TENEBRICOSA (Fabr.).	Espèce méridionale. Sa larve vit dans le bois.
	AGRILUS VIRIDIS (Germar).	La larve vit sous les écorces.
	Id. PYRI (Blanchard).	Espèce non déterminée.
CURCULIONIENS.	BRACHYTARSUS VARIUS (Fabr.).	L'insecte se trouve sous les écorces.
	RHYNCHITES BACCHUS (Sch).	
	Id. AURATUS (Oliv.).	
	Id. CONICUS (Illig.).	Insectes très-nuisibles.
	Id. BETULETI (Gyll.).	
	Id. CUPRŒUS (Gyll.).	?
	Id. PAUXILUS (Germ.).	?
	APION PAMONŒ (Germar.).	Nuisible.
	POLYDROSUS SERICEUS (Gyll.).	L'ins. mange les feuilles et les bourgeons.
	PHYLLOBIUS CALCARATUS (Fabr.).	Id. Id.
	Id. PYRI (L.)	L'ins. mange les feuill. Très-nuisible.
	Id. ARGENTATUS (L.).	L'ins. mange les feuill.
	Id. VESPERTINUS (L.).	Id. Id.
	Id. OBLONGUS (Fabr.).	L'ins. mange les feuill. Très-nuisible.
	Id. UNIFORMIS (Marsh.).	L'ins. mange les feuill.
	PERITELUS GRISEUS (Oliv.).	L'insecte est très-nuisible. Il mange surtout les jeunes bourgeons.
	OTHIORHYNCHUS RAUCUS (Fabr.).	Mange les feuilles pendant la nuit.
	Id. PICIPES (Fabr.).	Id. Id.
	MAGDALIS CERASI (Germ.).	L'insecte mange la face supérieure des feuilles.
	Id. PRUNI (Fabr.).	Id. Id,
	ANTHONOMUS POMORUM (Germ.).	La larve vit dans les boutons à fleurs. Très-nuisible.

	Anthonomus ulmi (Steph.).	?
	Id. pyri (Ch^t).	Vit dans la fleur à l'état de larve.
	Mecinus pyraster (Herbst.).	L'insecte vit sous les écorces.
BOSTRICHIENS.	Scolytus destructor (L.).	La larve et l'insecte creusent des galeries dans le bois.
	Id. pruni (Ratzeb.).	Id. Id.
	Id. rugulosus (Ratzeb.).	La larve et l'insecte creusent des galeries dans les jeunes branches.
	Platypus cylindrus (Fabr.),	Id. Id.
CERAMBYCIENS.	Clytus arcuatus (F.).	La larve vit sous les écorces et dans le bois.
	Leiopus nebulosus (L.).	La larve vit sous les écorces.
	Saperda scalaris (L.).	Id. Id.
	Id. candida (Fabr.).	Espèce américaine ; elle vit dans le bois à l'état de larve.
	Polyopsia prœusta (L).	La larve vit dans le bois.
	Phytœcia nigricornis (Fabr.)	Id. Id.
CHRYSOMÉLIENS.	Luperus flavipes (L.).	L'ins. ronge les feuilles.
COCCINELLIENS.	Idalia bipunctata. (L.).	
	Coccinella 7 — punctata (L.).	
	variabilis (L.).	Larves et insectes carnassiers.
	14—punctata (L.).	
	Micraspis 12—punctata (L.),	

PREMIÈRE PARTIE.

I. OSMODERMA, Encyclopédie (1).

Lacordaire; *Génér. des Ins. Coléoptères;* tome 3, page 557.

Hanches postérieures contiguës ; mâchoires à lobe externe corné ; écusson triangulaire ; tête des mâles avec deux petits tubercules ; élytres larges, parallèles et planes en dessus ; pattes longues, jambes antérieures tridentées, les postérieures bidentées ; pygidium bombé, très·grand, surtout chez les mâles.

Les Osmoderma sont de grands et beaux insectes, de couleur foncée et bronzée, à démarche lente et lourde, volant le soir, vivant, ainsi que leurs larves, dans le bois vermoulu des vieux troncs d'arbres. On n'en connaît que quelques espèces, propres à l'Europe et à l'Amérique du Nord. Ces insectes sont remarquables par l'odeur forte qu'ils répandent, et qui rappelle celle de l'abricot ou du cuir de Russie.

1. OSMODERMA EREMITA (Linné).

Mulsant; *Coléoptères de France.* Lamellicornes; page 526.

Synonymie : *Scarabæus eremita* (Lin.) ; — *Cetonia eremita* (Fabr.) ; — *Trichius eremita* (Fabr.) ; — *Gymnodus eremita* (Kirby.) ; — *Melolontha eremita* (Herbst.) ; — *Scarabæus coriaceus* (Degéer) ; — *Cetonia eremitica* (Knoch.) ; — *Trichie ermite,* — *Prunier,* — *Pique-prune* des jardiniers ; — *Eremitscharkœfer* des Allemands.

D'environ 0^m, 03 de longueur ; d'un brun noir foncé, à reflets plus ou moins bronzés, selon les individus, ou plutôt

(1) Synonymie : SCARABŒUS (Lin.) ; — TRICHII GYMNODI (Kirby.) ; — GYMNODUS (Kirby.) ; — TRICHIUS (Fabr.) ; — CETONIA (Knoch.).

selon les localités ; chaperon carré et fortement rebordé tout autour ; feuillets des antennes courts et arrondis ; corselet arrondi, bicarêné longitudinalement au milieu ; écusson allongé, triangulaire ; pattes courtes et robustes.

Macquart indique la Trichie ermite comme vivant sur le Poirier; M. Nœrdlinger la signale comme attaquant le Pommier ; Ratzeburg et la plupart des auteurs, comme vivant dans l'intérieur des Hêtres, des Peupliers, et surtout des Saules. C'est, en effet, dans les vieux arbres de cette dernière espèce que, dans notre département, on rencontre la Trichie ermite et sa larve. Celle-ci est quelquefois assez abondante dans les Saules de Vallières, de Grimont, etc. ; mais, quoique j'aie exploré un grand nombre de vieux Poiriers cariés, je ne l'y ai jamais rencontrée.

La larve de la Trichie ermite a été décrite et figurée pour la première fois, par Drumpelman, en 1811. Elle est blanche, arquée comme le sont toutes celles des Lamellicornes ; tête écailleuse, jaune ; corps blanc, renflé à l'extrémité. La peau est transparente, et laisse apercevoir le canal intestinal rempli de matière noire, ce qui donne une teinte grise à la larve, dans les parties correspondantes. Elle vit ordinairement trois années avant de se transformer en nymphe. Les larves âgées d'une année ont de 20 à 25 millimètres de longueur ; celles de deux ans, de 35 à 40 millimètres. Je n'ai pas vu la nymphe, mais j'ai trouvé, en juin, des individus nouvellement éclos.

Ce n'est qu'accidentellement qu'on a pu la rencontrer sur le Poirier et sur le Pommier dont le bois très-dur résiste plus facilement à l'action des mâchoires, que celui des Saules ou des Peupliers.

En ayant soin de boucher soigneusement toutes les crevasses des vieux arbres, on évitera les atteintes de la Trichie.

II. MELOLONTHA, Fabricius (1).

Lacordaire ; *Génér. des Insectes Coléoptères;* tome 3, page 295.

Antennes de 10 articles, les 7 derniers dans les mâles, les

(1) Synonymie : Scarabœus (Linné).

6 derniers chez les femelles, formant la massue ; labre bilobé ; chaperon carré et rebordé ; prothorax transversal ; élytres plus ou moins allongées, parallèles ; jambes antérieures dentées et éperonnées dans les deux sexes ; pygidium perpendiculaire, souvent prolongé dans l'un ou dans les deux sexes.

Insectes de grande taille, propres à l'Europe, à l'Asie et aux Iles Philippines ; vivant, à l'état parfait, du feuillage des arbres, qu'ils dépouillent quelquefois complètement en fort peu de temps ; mais c'est surtout à l'état de larve qu'ils commettent le plus de dommage, en rongeant les racines de toutes les espèces de plantes.

2. MELOLONTHA VULGARIS (Fabr.).

Mulsant ; *Coléopt. de France ; Lamellicornes ;* page 411.

Synonymie : *Scarabæus melolontha* (Lin.) ; — *Melolontha mayalis* (Molli) ; — *Hanneton* ; — *Meuri* ; — *Harlo* ; — *Meikæfer* ; — *Ingerling* des Allemands.
La Larve : *Ver blanc* ; — *Mans*, etc.

Ces insectes, répandus dans toute l'Europe, sont malheureusement trop connus pour qu'il soit nécessaire d'en donner une description. On sait, en effet, qu'en certaines années, on les voit apparaître par myriades en mai ou en juin, et qu'alors ils dévorent, en peu de temps, toutes les feuilles des arbres d'un verger. Quels que soient les ravages causés par l'insecte parfait, ils ne sont pas encore aussi considérables que ceux qui sont produits par les larves que les cultivateurs et les jardiniers nomment *Vers blancs*.

La larve et les mœurs de cet insecte ont déjà été décrites bien des fois, et les détails les plus intéressants de leur histoire, sont reproduits dans tous les ouvrages d'horticulture. On a également écrit bien des articles de journaux et bien des brochures sur les moyens à employer pour se débarrasser de ces hôtes incommodes. Mais, jusqu'à ce jour, tous ces moyens tant vantés et prétendus infaillibles, sont, ou impraticables en grand, ou trop dispendieux ; et il est probable qu'on n'arrivera à quelque chose de rationnel et de satisfaisant, qu'en utilisant industriellement ces animaux, afin de couvrir une partie des frais que nécessite leur récolte. C'est surtout à la chimie organique qu'il appartient de faire des recherches sur la composition du corps de ces insectes, et de voir si l'on ne peut pas en tirer quelque principe particulier, ou utiliser ceux de ces principes que l'on connaît déjà (1).

III. SINODENDRON, Helwig (2).

Lacordaire; *Génér. Ins. Coléoptères;* tome III, page 43.

Antennes plus courtes que le corselet; corps cylindrique; jambes antérieures dentées; antennes en massue de 3 articles; mandibules très-courtes; écusson large, en triangle curviligne; pattes courtes; les mâles ont sur la tête une corne, droite à la base, un peu recourbée en arrière au sommet; les femelles n'ont qu'un faible tubercule placé à peu de distance du bord antérieur du chaperon.

Insectes noirs, de faible taille, propres à l'Europe et à l'Amérique du nord, vivant, comme la plupart des Lucanides, dans le bois vermoulu.

(1) Pour donner une idée de la valeur de beaucoup des articles publiés sur le Hanneton, je me borne à citer celui-ci, que je copie dans un journal d'horticulture édité en Belgique (1857, Nº de février) : « Pour procéder avantageusement à la destruction du Hanneton, il faut étudier ses mœurs et le suivre dans ses métamorphoses. » C'est certainement très-vrai, mais voici comment l'auteur continue : « Le Hanneton des Pommiers, *Melolontha mali*, est très-petit, d'une couleur marron très-foncé; il dévore les fleurs d'une grande partie des arbres de la famille des Rosacées, ainsi que les jeunes fruits, notamment ceux du Pommier, etc, etc. » Ceci est très-joli et mérite la réponse que l'on prête à Cuvier à propos de la définition du mot *Écrevisse*, car il n'y a pas de *Melolontha mali*, et l'insecte dont il est question est un Charansonite du genre Phyllobius ! Fiez-vous aux procédés que l'auteur va vous proposer, et qui sont basés *sur la connaissance* EXACTE *des mœurs du Hanneton !!*

(2) Synonymie : LIGNIPERDA (Fabr.) ; — SCARABŒUS (Lin.).

3. SINODENDRON CYLINDRICUM (Fabr.).

Mulsant; *Coléopt. de France*; *Lamellicornes;* page 601.

Synonymie : *Scarabœus cylindricus* (Lin.) ; — *Lucanus cylindricus* (Laich.) ; — *Ligniperda cylindrica* (Fabr.) ; — *Sinodendre.*

Long d'environ douze millimètres; cylindrique; d'un noir luisant; corselet marqué de points enfoncés, avec une ligne longitudinale lisse au milieu, et une saillie en avant; élytres striées, fortement ponctuées, 3e et 5e stries fortement relevées antérieurement, presque effacées postérieurement.

Cet insecte, très-rare dans notre département, est indiqué par les auteurs comme vivant aux dépens des Hêtres et des Frênes. Macquart l'indique comme étant nuisible au Poirier; et c'est en effet sur cet arbre qu'il a été rencontré dans la Moselle. M. Mathieu, dans son Cours d'Entomologie forestière, le signale aussi comme nuisible à cet arbre.

La larve a été décrite pour la première fois et figurée en 1839, par M. Westwood (Introd. the modern. class.; t. I, fig. 18). D'après M. Mulsant (Col. de Fr.; p. 600), elle est d'un blanc cendré avec la tête jaune et écailleuse et le corps arqué. Comme on voit, elle se rapproche des autres larves de Lamellicornes.

Elle vit, comme la Trichie ermite, dans les parties mortes et cariées des vieux Poiriers.

IV. PLATYSOMA, Leach. (1).

Lacordaire; *Génér. Ins. Col ;* tome II, page 255.

Corps en ovale allongé ou cylindrique; tête rétractile; antennes insérées dans une fossette entre les yeux et les mandibules, de 11 articles, dont les 4 derniers forment

(1) Synonymie : HISTER (Fabr.); — HOLOLEPTA (Paykul.).

une massue ovale, comprimée, et couverte d'un duvet soyeux ; corselet carré ou transversal ; écusson petit et triangulaire ; élytres plus ou moins allongées, parallèles ; pattes assez longues, avec une seule rangée de dents au côté interne ; jambes bi-épineuses ; tarses de 5 articles dont le dernier est aussi long que les 4 autres réunis.

Ce genre, composé d'environ 25 espèces, a des représentants dans toutes les parties du monde ; 6 seulement appartiennent à l'Europe.

Jusqu'à ces derniers temps, les mœurs de ces insectes et de leurs larves étaient inconnues : c'est M. Perris qui, le premier, a fait connaître la larve *Platysoma oblongum.* Cette larve vit sous les écorces : elle est carnassière. C'est aussi là qu'on rencontre les insectes parfaits.

4. PLATYSOMA DEPRESSUM (Fabr.).

De Marseul; *An. de la Soc. ent. de France;* 1854, page 248.

Synonymie : *Hister depressum* (Fabr.); — *Hololepta depressa* (Payk) (*Var. A.*); — *Hololepta deplanata* (Payk.).

Longueur 0^m,004, largeur 0^m,002 ; noir, luisant, ovale oblong, déprimé ; antennes brunes ; corselet plus large que long, échancré en avant, bords latéraux obtus et pointillés ; écusson petit ; élytres allongées, un peu rétrécies en arrière ; pygidium ponctué, non rebordé ; pattes couleur de poix, jambes antérieures quadridentées.

Cet insecte est rare dans nos environs ; il vit sous les écorces, et c'est sous celle d'un vieux Poirier que M. Goureau l'a rencontré. On ne connaît rien autre chose sur ses habitudes, et celles de sa larve sont tout à fait inconnues. Mais, d'après ce que nous savons maintenant du *Pl. oblongum*, il est permis de supposer que l'insecte, ainsi que la larve, sont carnassiers, et que, par conséquent, l'insecte dont il est question, doit être classé parmi ceux qui sont plutôt utiles que nuisibles.

V. THYMALUS, Dufstchmidt (1).

Lacordaire; *Génér. des Ins. Col.*; tome III, page 350.

Menton petit; lobe des mâchoires corné; mandibules courtes, robustes, en partie recouvertes par le labre; tête entièrement cachée sous le corselet; yeux gros; antennes de 11 articles, le 1er assez long, les 9e 10e et 11e formant une massue allongée; un sillon bien marqué, sous les yeux, pour loger les antennes; corselet transversal; écusson en triangle curviligne; élytres rebordées; pattes courtes et robustes.

Insectes très-remarquables par leur faciès coccinelloïde; on n'en connaît qu'une espèce européenne et deux américaines : toutes trois sont propres aux contrées froides et montagneuses.

5. THYMALUS LIMBATUS (Fabr.).

Laporte; *Histoire naturelle des Col.*, tome II, page 8.

Synonymie: *Peltis limbatus* (Fabr.); — *Peltis brunneus* (Payk.); — *Cassida limbata* (L.).

Long de 7 millimètres et large de 4; corps d'un brun bronzé assez brillant; élytres avec des stries assez irrégulières de points enfoncés; bord extérieur d'un brun rougeâtre; pattes ferrugineuses; corps souvent entièrement recouvert d'une efflorescence blanchâtre, qui se renouvelle quand on l'enlève pendant la vie de l'insecte.

La larve du Thymalus limbatus a été décrite par MM. Chapuis et Candèze (Catalogue des larves de Coléoptères, dans les Mémoires de la Société des Sciences de Liège; année 1853, page 407).

(1) Synonymie: PELTIS (Fabr.); — CASSIDA (Lin.); — ASIDA (Oliv.).

Cette larve, longue de 9 à 10 millimètres, est d'un bleu hyalin, sauf la tête qui est d'un jaune sale; l'écusson prothoracique et celui du dernier segment sont d'un brun brunâtre, ainsi que deux séries de petites dents latérales arrondies, disposées au bord interne et de chaque côté des anneaux dorsaux, depuis le méso-thorax jusqu'à l'avant-dernier, ou le dernier segment abdominal. Le corps est un peu déprimé, contracté et comme festonné la-téralement par la présence des bourrelets des arçaux; il est re-couvert de quelques poils blanchâtres, mous et flexueux, entre-mêlés de poils plus courts.

Ces larves ont été trouvées, par les entomologistes liégeois, au mois de janvier, sous les écorces d'un Poirier sauvage. Elles paraissent se nourrir exclusivement de substance ligneuse. Elles se sont transformées en nymphes au mois d'avril suivant; ces nym-phes sont parsemées de quelques poils, plus courts que ceux de la larve, et leur abdomen est terminé par deux petites pointes aiguës.

Au mois de novembre 1855, j'ai trouvé également, sous l'écorce d'un Poirier abattu à Vallières, 4 larves dont la description se rapporte assez à celle qui précède (moins la taille cependant). Je n'ai pu les élever, ni déterminer à quelle espèce de Co-léoptères elles appartiennent. Celles qui me restent, ayant été conservées dans l'alcool, ne me permettent pas de conclure à leur identité parfaite avec celles du *Thymalus limbatus*.

Quoiqu'il en soit, il paraît que l'insecte dont il s'agit, doit être compris dans le nombre de ceux qui sont nuisibles au Poirier, au moins à l'état de larve; car on ne connaît pas les mœurs de l'insecte parfait, extrêmement rare dans notre pays.

VI. DITOMA, Illiger (1).

Lacordaire; *Génér. Ins. Coléopt.*; tome II, page 363.

Menton carré; lobe interne des mâchoires petit et cilié au

_____

(1) Synonymie : BITOMA (Herbst.); — LYCTUS (Fabr.); — IPS (Olivier); — MONOTOMA (Panzer); — SYNCHITA (Helwig.).

bout, lobe externe plus grand et cilié au dedans; dernier article des palpes labiaux grand; antennes de 11 articles, dont les deux derniers forment une massue; yeux saillants; élytres allongées; pattes courtes, jambes proportionnellement assez longues, tarses de 4 articles.

Insectes de petite taille, vivant sous les écorces, ou dans le bois mort; propres à l'Europe, à l'Amérique et aux Iles-Marquises.

6. DITOMA CRENATA (Herbst.).

Erichson; *Naturgesch. Der Insect. der Deutschland;* page 266.

Synonymie : *Bitoma crenata* (Herbst.); — *Lyctus crenata* (Fabr.); — *Ips crenata* (Oliv.); — *Monotoma crenata* (Panzer); — *Synchita crenata* (Helwig.); — *Lyctus rufipennis* (Fabr.) (*Var.* B.); — *Ips picipes* (Oliv.) (*Var. A.*).

Longueur de 3 à 4 millimètres; corps noir, 2 côtes relevées de chaque côté du corselet; élytres ponctuées et striées, à intervalles alternativement élevés avec une tache fauve sur chacune. Ces taches sont plus ou moins grandes, et, quand elles s'étendent sur toute l'élytre, elles produisent la *Var. A.*; quelquefois aussi l'insecte est entièrement d'un brun testacé: c'est alors la *Var. B.* Dans le type comme dans ses variétés, les jambes et les tarses sont rougeâtres.

Ces petits insectes, extrêmement répandus, se rencontrent souvent sous les écorces d'un grand nombre d'arbres, particulièrement sous celles de l'Orme et du Hêtre; rarement sous celles des vieux Poiriers. Macquart et M. Goureau, ainsi que moi, les y avons cependant trouvés. M. Nœrdlinger n'en parle pas dans son ouvrage.

D'après M. Rouget (1), l'insecte parfait vole le soir, et se rencontre, à cet état, du printemps à l'automne.

(1) Catalogue des Insectes de la Côte-d'Or, nº 542; Dijon, 1856.

M. Perris a donné une description complète de la larve du *Ditoma crenata* dans son Histoire des insectes du Pin maritime. Cette larve est linéaire, déprimée, d'environ 6 mill. de long, et d'un blanc lavé de roussâtre. Selon cet entomologiste, elle vit plus ordinairement sous l'écorce des Chênes, dans les nids du *Tomicus fuscus*. Elle se trouve aussi, mais moins souvent, sous l'écorce des Pins, principalement dans les nids de *Tomicus laricis, dont elle dévore les larves et les nymphes.* Cette larve est donc carnassière, et, par conséquent, doit être classée parmi les insectes utiles. Je n'ai jamais trouvé de galeries de Tomicus sur les troncs de Poirier où je rencontrais le *Ditoma crenata*, lequel pouvait, d'ailleurs, n'être là que pour rechercher les galeries d'autres Xylophages afin d'y déposer ses œufs.

VII. SILVANUS, Latreille (1).

Lacordaire; *Génér. des Insectes Coléoptères*; tome II, page 415.

Menton transversal; lobes des mâchoires courts, l'interne cilié, l'externe barbu; mandibules courtes; tête allongée en avant, retrécie en arrière; antennes assez longues, de 11 articles, dont les trois derniers forment une massue un peu allongée et serrée; élytres longues, parallèles; pattes médiocres, tarse de 5 articles, le dernier long, les 3 premiers velus en-dessous.

Ces insectes sont de petite taille et ont des habitudes assez variées: les uns habitent sous les écorces; d'autres vivent dans le bois mort; quelquefois aussi on les rencontre sur les plantes herbacées. Plusieurs vivent dans les céréales emmagasinées ou dans divers produits coloniaux, au moyen desquels certaines espèces exotiques ont été introduites en Europe, où elles s'y sont acclimatées.

(1) Synonymie : DERMESTES (Linn.); — COLYDIUM (Fabr.); — IPS (Oliv.); — LYCTUS (Kugelm.); — LEPTUS (Duftsch.); — CRYPTOPHAGUS (Walt.).

7. SILVANUS UNIDENTATUS (Fabr.).

Erichson *Naturgesch. Der Insect. der Deutschland*; page 338.

Synonymie : *Dermestes unidentatus* (Fab.); — *Colydium unidentatum* (Payk.) ; — *Lyctus unidentatus* (Kugelm.); — *Ips unidentata* (Oliv.) ; — *Leptus unidentata* (Duftsch); — *Colydium planum* (Herbst.) ; — *Silvain*.

Long de 3 à 4 millim., ferrugineux, linéaire, déprimé, un peu pubescent ; tête denticulée de chaque côté près des yeux ; corselet allongé, étroit à la base, angles antérieurs sous-épineux, les postérieurs denticulés ; élytres ponctuées et striées.

Cet insecte est très-commun, et, comme le précédent, se trouve sous les écorces d'un grand nombre d'arbres (Charme, Chêne, Hêtre, Noyer... etc.). Macquart, ainsi que M. Goureau, l'ont trouvé sous l'écorce d'un Poirier; mais l'on ne connaît rien autre chose sur les habitudes de l'insecte parfait.

M. Perris (Loc. cit.) en a décrit la larve. Elle est longue d'environ 5 millimètres, et d'un blanc jaunâtre, avec la tête et le prothorax plus foncés. Le corps est aplati et un peu rétréci en arrière. « Cette larve, dit M. Perris, est à peu près cosmopolite ; elle court çà et là avec beaucoup de vivacité, et se cache promptement quand on l'expose à la lumière qui l'offusque. » Selon MM. Coquerel et Westwood, les larves d'une espèce voisine, le *Sylvanus bidentatus* se nourrissent de substances végétales ou de sucre ; mais, d'après Blisson et M. Perris, ces larves sont réellement carnassières et, comme celles du *S. unidentatus*, elles vivent de larves, de nymphes ou des dépouilles d'autres insectes, et, subsidiairement, des excréments des larves qui ont vécu avec elles.

Quoiqu'il ne soit pas rare dans notre département, je n'ai pas encore rencontré cet insecte sous les écorces du Poirier. D'après ce qui précède, il doit, comme le *Ditoma crenata*, être classé parmi ceux qu'il serait utile de conserver.

VIII. DASYTES , Paykul (1).

Lacordaire; *Génér. des Ins. Coléoptères;* tome IV, page 400.

Menton transversal ; mâchoires bilobées ; dernier article des palpes tronqué ; mandibules larges ; labre saillant ; tête courte; antennes de longueur variable , souvent dentées en scie à partir du 3e ou 4e article ; yeux saillants ; élytres allongées , à peine plus larges que le prothorax ; pattes grêles ; tarses de 5 articles ; corps plus ou moins velu.

Ce genre, qui comprend un très-grand nombre d'espèces (plus de 150), se compose de petits insectes à corps assez mou , d'une couleur souvent métallique, et fréquentant, en général, les fleurs à l'état parfait. On ne connaît encore que la larve de deux espèces de Dasytes (*D. serricornis* et *flavipes*) ; et, d'après ce que dit M. Perris de celle du *D. flavipes*, il est à présumer que ces larves sont carnassières, comme celles des espèces qui précèdent : c'était, d'ailleurs, le sentiment de Latreille.

8. DASYTES SERRICORNIS (Parreys).

Malgré mes recherches, je n'ai pu me procurer le numéro du journal l'*Isis* (année 1854) dans lequel se trouve la description du Dasyte serricorne.

L'insecte lui-même, rare dans les collections, n'a pu non plus m'être communiqué. Sa larve est indiquée , par M. Waterhouse , comme vivant dans les branches du Poirier. Selon cet auteur, cette larve est verdâtre, marquée de taches d'un vert plus foncé ; elle est allongée, pubescente et élargie postérieurement, avec l'extrémité munie de deux pointes aiguës.

(1) Synonymie : APLOCNEMUS (Steph.) ; — ENICOPUS (Steph.) ; — ENODIUS (Casteln.) ; — DIVALES (Cast.) ; — DANACEA (Cast.) ; — DERMATOMA (Motsch.) ; ANTHOXENUS (Motsch.) ; — LASIUS (Motsch.) ; — MACROPOGON (Motsch.) ; — COSMIOCOMUS (Kuster) ; — PSILOTRIX (Kuster) ; — DERMESTES (L.) ; — HISPA (Fabr.) ; — MELYRIS (Oliv.) ; — LAGRIA (Panz.) ; — COCCINELLA (Geoff.).

M. Perris dit positivement que la larve du *Dasytes flavipes* vit de larves du *Tomicus bidens*, sauf à se nourrir des matières excrémentitielles déposées dans les galeries de ce Xylophage, lorsqu'elle ne trouve plus à satisfaire ses appétits carnassiers. L'auteur ajoute encore, qu'à l'état parfait, les Dasytes lui paraissent avoir les mêmes habitudes que les Malachies, et que, par conséquent, ils sont carnassiers ou plutôt *Staminiphages*. Je viens d'avoir occasion de vérifier l'exactitude des prévisions de l'habile entomologiste de Mont-de-Marsan: Le 24 Mai 1857, j'ai vu des *Dasytes plambœus* manger, en compagnie des *Malachius œneus* et *bipustullatus*, les étamines du seigle en fleur; et, pour mettre ce fait hors de doute, j'ai renfermé plusieurs Dasytes dans un tube avec des étamines de seigle. Ces insectes n'ont pas tardé à se repaître de ces organes; et, au bout de quelques heures, les étamines avaient complètement disparu.

L'insecte signalé par l'auteur anglais comme étant nuisible au Poirier est donc un insecte protecteur qu'il importe de conserver, au moins à l'état de larve.

IX. CAPNODIS, Eschscholtz (1).

Lacord.; *Génér. Insec. Coléopt.;* tome IV, page 31.

Labre transversal; tête plane; antennes courtes de 11 articles, les 3 premiers courts, les 7 derniers plus ou moins dilatés; yeux grands, non saillants; prothorax transversal, avec une fossette profonde en arrière; écusson petit; élytres rétrécies dans leur tiers postérieur; pattes robustes, tarses de 5 articles, les 3 premiers égaux, le 4e très fortement bilobé et embrassant le dernier; corps robuste et peu convexe.

Insectes d'une forte taille, d'un faciès tout particulier, de couleur noire ou bronzée obscure, avec des taches blanches irrégulières sur le corselet, ou des plaques cuivreuses sous les anneaux de

(1) Synonymie : ARGAUTA (Gistl.) ; — LATIPALPIS (Sol.); — BUPRESTIS (Laporte).

l'abdomen. Toutes les espèces, à l'exception d'une seule, sont propres aux pays qui bordent la Méditerranée.

9. CAPNODIS TENEBRICOSA (Fabr.).

Laporte et Gory ; *Hist. nat. des Ins. Col. Buprest.* ; tome II, page 9.

Synonymie : *Buprestis tenebrionis* (Rossi *non L.*).

De 15 à 20 millimètres de longueur ; d'un bronzé obscur, quelquefois noir ; tête et corselet fortement et irrégulièrement ponctués ; élytres avec des stries longitudinales de points enfoncés et des taches bronzées nombreuses disposées sans ordre et formées par un duvet court, soyeux, placé sur des groupes de points enfoncés ; dessous du corps noir parsemé de gros points enfoncés et dorés.

Ce n'est que d'après l'autorité de Macquart que j'ai placé cet insecte parmi ceux qui vivent sur le Poirier. Essentiellement méridional, il ne s'est jamais égaré jusqu'à venir dans notre département. Sa larve n'a pas encore été décrite, bien qu'elle soit assez commune dans le midi de la France, où notre collègue, M. Capiomont, l'a observée dans le tronc des vieux arbres fruitiers, aux dépens desquels elle vit.

X. AGRILUS, Megerle (1).

Lacordaire ; *Génér. Ins. Col.* ; tome IV, page 83.

Tête courte ; antennes de 11 articles, les 2ᵉ et 3ᵉ égaux, les suivants plus ou moins dentés ; yeux assez grands et peu saillants ; prothorax transversal ; élytres allongées et presque toujours débordées par l'abdomen vers le milieu de leur longueur ; tarses grêles, de 5 articles, dont le premier est très-long.

(1) Synonymie : BUPRESTIS (L.) ; — AMORPHOSOMA (Lap.) ; — CORŒBU (Lap).

Ce genre renferme un grand nombre de petites espèces de couleur bleue, verte ou métallique, avec des taches latérales blanchâtres. Les femelles pondent leurs œufs sur les arbres malades, morts ou en bon état, mais toujours dans les parties recouvertes par l'écorce (1). Les larves sont blanches ou roses, apodes, renflées antérieurement, ce qui leur donne la forme d'une sorte de pilon. Elles sont lignivores, et creusent, suivant les espèces, dans le bois ou dans l'aubier, des galeries tortueuses qu'elles remplissent de vermoulure et d'excréments disposés par petites couches formant des arcs concentriques dont l'ouverture est tournée du côté de la larve. Cette disposition singulière est caractéristique pour les larves d'*Agrilus*. « Cet arrangement symétrique, dit M. Perris, auquel j'emprunte tous ces détails, a, pour cause première, les dimensions de la galerie, qui sont hors de proportion avec l'abdomen de la larve. Celle-ci, à cause du volume de la partie antérieure du corps, est obligée de donner à sa galerie une largeur telle, que la partie postérieure y exécute librement des mouvements de va-et-vient, qui ont pour résultat naturel de disposer en arc les matières rejetées en arrière. D'un autre côté, toujours par suite des dimensions de la galerie, la larve, afin d'avoir des points d'appui, est obligée de replier sur elle-même la partie postérieure de son corps; ordinairement même, on la rencontre dans cette attitude, qui lui permet d'agir contre les parois pour se pousser en avant; mais, dans cet état, l'abdomen forme un arc qui, appuyant du côté convexe sur les détritus, détermine la concavité des couches successives. »

Elles offrent, comme celles des autres buprestes, une particularité très-remarquable : c'est la présence d'un treizième segment, non compris la tête, tandis que l'on n'en compte que douze dans les larves de toutes les autres familles de l'ordre des Coléoptères.

La durée de la vie des larves d'Agrilus est d'une année; et on reconnaît facilement les trous de sortie de l'insecte parfait, par la forme particulière à ces ouvertures, forme qui est celle d'une

---

(1) Mathieu; *Cours de Zoologie forestière*; Nancy, 1848.

bouche de four et par laquelle s'échappe l'insecte, le dos tourné vers la partie plane, et par conséquent le ventre en l'air.

L'insecte parfait ne se montre que dans les chaudes et belles journées de l'été, et semble ne pouvoir faire usage de ses ailes que sous l'action d'un ardent soleil. Aussi, le nombre des espèces méridionales et tropicales est-il plus considérable que celui de nos contrées tempérées. Les individus d'une même espèce se multiplient quelquefois d'une manière prodigieuse, et vont, dans certains cas, jusqu'à causer la mort des arbres sur lesquels ils se développent.

10. AGRILUS VIRIDIS (Germar.).

Laporte et Gory; *Hist. des Bupr.*; tome II, page 48.

Synonymie : *Buprestis viridis* (*variétés*) (Linn.); — *Buprestis elongatus* (Herbst.); *Buprestis rosana* (Scopoli.); — *Buprestis linearis* (Schranck.); — *Le Richard vert allongé* (Geoffroy).

Cet insecte varie beaucoup pour la taille (de 5 à 10 millimètres) et, pour la couleur, du vert clair au vert bleuâtre ou bronzé ; antennes proportionnellement plus courtes que dans les autres espèces ; corselet échancré en avant, bilobé en arrière, avec des stries transversales sinueuses, et deux impressions sur le disque ; écusson pointu en arrière ; élytres allongées, sinuées latéralement, finement rugueuses, avec une forte impression à la base ; dessous du corps parsemé de petites taches blanches.

Sans être bien rare dans notre département, cet Agrilus ne s'y rencontre pas souvent en grande quantité. Jamais je ne l'ai trouvé sur les Poiriers élevés en quenouille ou en espalier, mais seulement dans les vergers où l'on rencontre également d'autres arbres fruitiers. Macquart l'indique positivement comme l'un des parasites du Poirier, mais sans y ajouter d'observations particulières. Nœrdlinger a constaté, sur des Poiriers, des trous de sortie ayant la forme que nous avons signalée plus haut, comme propres aux insectes de cette famille, et qu'il attribue aussi à une espèce d'*Agrilus*, mais sans entrer dans plus de détails et sans indiquer à laquelle des espèces de ce genre il faut la rapporter.

En 1836, Audouin a publié une note (1) sur une larve d'insecte qui se creuse des galeries dans les tiges du Poirier. C'est à la présence de ces galeries qu'il attribue la formation des crévasses que l'on observe souvent sur le tronc des arbres, et que les jardiniers attribuent, bien à tort, à la nature du sol ou à la rigueur des hivers.

En enlevant l'écorce, au-dessus de ces fissures, on trouve des sillons creusés par les larves aux dépens de l'aubier et de l'écorce. Sur des sujets de 1 mètre de hauteur, quelques-unes de ces galeries avaient atteint la longueur de 0,60 centimètres, sans compter les sinuosités. Ces galeries, ou sillons, se dirigeaient toutes vers la racine de l'arbre, et partaient d'un point correspondant à une taille de l'année précédente ; et les œufs avaient été déposés entre l'écorce et le bois de cette surface de taille. Audouin rapporte cette larve à celle d'un *Coléoptère* serricorne, mais sans en préciser davantage la famille ou le genre.

En 1837, M. Aubé a décrit (2) la larve de l'*Agrilus viridis*, qu'il a trouvée vivant en société dans l'écorce et le bois des bouleaux du Bois de Boulogne près de Paris. Cette larve se creuse des galeries tortueuses, *dirigées en tous sens*, et dont la largeur et la profondeur varient avec l'accroissement ; arrivées au moment de se transformer en nymphes, elles se creusent dans le bois une petite cavité, d'où l'insecte s'échappe en perforant l'écorce, et en y laissant une ouverture en bouche de four.

Selon M. Aubé, l'insecte indiqué par Audouin, comme vivant sur le Poirier, serait aussi l'*Agrilus viridis*. Cependant la manière de pondre à l'extrémité des branches et la forme des galeries ne

(1) An. de la Société entomolog. de France ; page 70 du Bulletin.
(2) An. de la Société entomolog de Fr. ; tome VI, page 191.

paraissent pas autoriser ce rapprochement. De nouvelles observations deviennent donc nécessaires pour décider, d'une manière exacte, quelle est l'espèce que cet entomologiste a rencontrée sur le Poirier.

En général, comme une sève abondante empêche les insectes de vivre entre le bois et l'écorce, et que c'est là que se développent surtout les larves des Agrilus, on comprend combien il importe de n'avoir que des sujets vigoureux, et de boucher toutes les crévasses ou entailles qui se trouvent sur leurs troncs.

En arrosant le pied des Peupliers attaqués par la Chenille du *Cossus ligniperda*, avec une solution faite d'une partie de sulfate de cuivre pour mille parties d'eau, on détruit ces insectes, ou on leur fait abandonner l'arbre : il est probable qu'un pareil moyen, employé dans les vergers, pourrait débarrasser beaucoup d'arbres des insectes lignivores qui en détruisent le tronc. Je fais en ce moment des expériences sur l'efficacité de ce procédé, et j'aurai plus tard l'occasion d'en consigner les résultats dans la suite de ce travail.

11. AGRILUS PYRI (Blanchard).

Synonymie : *Agrilus viridis*, Var. ? (Chev^r.).

Dans l'histoire des insectes, M. Blanchard dit qu'une espèce d'*Agrilus* passe ses premières années dans les branches du Poirier ; et il ajoute que sa larve et sa nymphe ressemblent bien complètement à celles de l'*Agrilus viridis*.

L'insecte dont parle M. Blanchard, et qu'il désigne sous le nom d'*Agrilus pyri*, est celui dont Audouin a trouvé la larve en 1836, et que M. Aubé a rapporté à l'*Agrilus viridis*.

En 1856, M. Blanchard, à qui j'avais demandé la description de l'*Agrilus pyri*, me répondait : « Quant à cette espèce, elle est très-voisine de l'*Agrilus viridis*, et je vais rechercher les individus trouvés par Audouin, car je suis loin d'*être sûr que cette espèce n'ait pas été décrite sous un autre nom* » ....
Après avoir cité un passage de Westwood, relativement à cet

4

insecte (1), mon honorable correspondant ajoute : « Depuis, il n'y a rien eu de publié sur cet insecte, que ce que j'en ai dit, en 1845, dans mon Histoire des insectes. »

De ce qui précède, il résulte évidemment que l'*Agrilus pyri* n'a pas encore été décrit; que ce n'est probablement que l'une des nombreuses variétés de l'*Agrilus viridis* (L.), et que l'on est encore loin d'être fixé sur les noms et le nombre des espèces de ce genre qui, à l'état de larve, vivent sur le Poirier

XI. BRACHYTARSUS, Schœnherr (2).

Schœnherr; *Synonym. Curculionid.*; tome 1, page 170.

Antennes courtes, presque droites, inserrées sur le milieu du rostre, et logées dans une cavité transversale; massue ovale et comprimée; rostre court, large et incliné; yeux grands et latéraux; corselet court, avec les angles postérieurs acuminés; élytres arrondies à l'extrémité; jambes entières, tarses courts.

Insecte de petite taille, de couleur sombre et variée de gris ou de blanc; propres aux contrées tempérées des deux continents. Les larves de Brachytarsus présentent une particularité anatomique assez remarquable dans la famille des Curculionites : c'est la présence de pattes rudimentaires. Mais elles offrent encore, dans leurs habitudes, une anomalie plus singulière. On sait, en effet, que toutes les larves connues de Curculionites vivent de substances végétales à divers états. Les larves de Branchytarsus sont au contraire carnassières, et carnassières d'une manière toute particulière : d'après Frisch, Latreille, Dalman, MM. Vallot,

(1) « M. Audouin has also discodered the larve of another speciers of Agrilus, burrowing in the wood of the pear. » — (M. Audouin a aussi décrit une larve d'une espèce du genre Agrilus, et qui vit sur les branches du Poirier.) Westwood; Introduction te the moderne classification of insects; 1837.

(2) Synonymie : PAROPUS (Megerle); — ANTHRIBUS (Gyll.); — BRUCHUS (Fabr.); — MACROCEPHALUS (Oliv.); — CURCULIO (Payk).

Ratzburg et Limnes, c'est dans les coques des Cochenilles et des Chermès, que ces larves vont chercher leur nourriture. Il reste encore cependant bien des points de leur histoire à éclaircir; et c'est en vain que j'ai exploré un grand nombre de coques du Chermès de l'Orme et du Poirier, car je n'y ai jamais rencontré une larve ou un insecte appartenant au genre Brachytarsus.

12. BRACHYTARSUS VARIUS (Fabre).

Schœnherr; *Synonym. Curculionid;* tome I, page 171.

Synonymie : *Anthribus varius* (Fabr.); — *Bruchus varius* (Lin.); — *Macrocephalus varius* (Oliv.); — *Anthribus variegatus* (Fourcr.); — *Bruchus capsularius* (Scriba); — *Bruchus clathratus* (Herbst.).

Longueur : 3 millimètres; d'un noir terne; corselet avec une ligne longitudinale grise; élytres parsemées de petites taches grises et soyeuses.

Sur un Poirier haut-vent d'un jardin de Queuleu, M. Bellevoi a trouvé, en 1854 et en 1855, un grand nombre d'individus de cette espèce de Curculionite. Ils s'étaient réfugiés sous l'écorce et dans ses crevasses, en compagnie d'une grande quantité d'*Anthonomus pomorum.* Les uns et les autres y étaient probablement venus chercher un abri contre la pluie.

En 1856 et en 1857, le même arbre nous a fourni plusieurs *Brachytarsus varius;* mais à toutes les époques de l'année, ils se trouvaient sous les écorces; et, malgré nos recherches, le Poirier, sur lequel ils habitaient, ne nous a offert aucun Chermès ni aucun débris de cet insecte, qui ait pu nous faire supposer que des larves de Brachytarsus s'y soient développées.

Une chose non moins remarquable, c'est que je n'ai pas rencontré *un seul* de ces insectes sous les écorces de Poiriers, et que je n'ai pu découvrir ce que pouvaient faire ceux que je rencontrais sous les écorces du Poirier de Queuleu.

Si réellement les Brachytarsus, ou au moins leurs larves, sont

Cocciphages, ils seraient les premiers Curculionites connus que dût ménager l'horticulteur

La larve de cet insecte a été décrite, pour la première fois, par Dalman, en 1824; Ratzburg, l'a fait figurer dans son ouvrage en 1837, et depuis, en 1848, M. Nœrdlinger en a complété la description dans le journal de la Société entomologique de Stettin.

XII. RHYNCHITES, Herbst. (1)

Schœnh.; *Synonym. Curculionid.*; tome 1, page 210.

Antennes de 10 articles, dont les 3 derniers forment la massue; trompe allongée, élargie à son extrémité; palpes courts; corps rétréci en avant; corcelet conique, quelquefois épineux latéralement dans l'un des sexes; abdomen carré, arrondi et découvert postérieurement; pattes éperonnées, avant-dernier article des tarses bifide.

Les Rhynchites sont en général assez petits, ornés de couleurs brillantes et métalliques; on les rencontre dans toutes les parties du monde. L'Europe en renferme cependant le plus grand nombre d'espèces, probablement parce qu'ils y ont été mieux observés. Tous sont plus ou moins nuisibles, et méritent de fixer tout particulièrement l'attention des horticulteurs. Les femelles, surtout au moment de la ponte, exercent une industrie fort curieuse sans doute, mais souvent fatale aux jeunes pousses, aux boutons à fruits ou aux feuilles, selon qu'elles confient leurs œufs à l'un ou à l'autre de ces organes; la larve qui doit en éclore devant puiser sa nourriture dans la moelle du jeune bois, dans le parenchyme du jeune fruit, ou dans le tissus de la feuille à demi-fanée.

Cette opération, si simple en apparence, de déposer un œuf sur un bourgeon, sur une fleur ou sur un fruit, est cependant, chez les Rhynchites, accompagnée de tant de soins, de travaux si péni-

(1) Synonymie : INVOLVULUS (Schranck); — CURCULIO (Lin); — ATTELABUS (Fabr.); — RHINOMACER (Laich.).

bles et si variés, suivant les espèces, que l'histoire de ces insectes semble un roman de la nature, et que ce n'est pas trop de ses observations personnelles et du témoignage des entomologistes les plus sérieux, pour en comprendre les détails et en admirer l'harmonie.

Dans certaines années, on a vu la récolte des arbres fruitiers de toute une contrée entièrement compromise, par le développement considérable de plusieurs espèces. Citer les noms de *Lisette, Bèche, Coupe-bourgeon, Perce-pomme*, etc., que quelques-uns de ces insectes portent dans certains pays, n'est-ce pas signaler aux jardiniers des ennemis bien connus.

On connaît les larves de 6 ou 7 espèces du genre Rhynchites. Si, sous le rapport anatomique, elles présentent peu de différence entre elles, il n'en est plus de même, sous le rapport de leurs habitudes, qui, en effet, semblent varier pour chacune d'elle.

13. RHYNCHITES BACCHUS (Lin.).

Schœnherr ; *Synonym. Curcul.*; tome I, page 249.

Synonymie: *Curculio bacchus* (Lin.); — *Attelabus bacchus* (Fabr.); — *Rhinomacer bacchus* (Laich); — *Involvulus bacchus* (Schrauck); — *Rhynchites luteus* (Germar); — *Curculio purpureus* (Degéer); — *Becmare* (Geoffroy); — *Perce-pomme* des Jardiniers ; — *Apfeltescher* des Allemands.

Long de 0^m,008 à 0^m,010; d'un beau rouge doré, à reflets verdâtres; corps mou, légèrement soyeux; rostre plus long que le corselet, grêle et entièrement d'un noir violacé; tête courte, yeux saillants; corselet mutique dans les deux sexes, mais plus globuleux chez la femelle.

Cet insecte n'est pas rare en France : on le trouve au premier printemps, et quelquefois en abondance, sur les Pommiers et les Poiriers en fleurs. Il prend sa nourriture dans le suc, dans la sève ou dans la moelle des jeunes pousses. Pour se procurer l'un ou l'autre, il perce, avec sa trompe, de nombreux trous sur les jeunes branches, qu'il affaiblit ainsi, et que le moindre vent suffit alors pour séparer en partie du tronc, auquel elles restent souvent suspendues, constituant ainsi ce que les jardiniers désignent sous le nom de *brindilles*. Quelques entomologistes pensent, cependant, que cet insecte n'opère ces perforations que dans le but de rechercher une place convenable pour y déposer on œuf; dans ce cas, comme il n'y a que la femelle chargée de ce travail, il n'y a, par conséquent, que ce sexe qui soit nuisible. Contrairement à cet avis, je dois dire que l'on trouve des *Rhynchites bacchus* perforant des feuilles et des pétioles bien avant l'époque de la ponte, et que c'est bien certainement pour y puiser leur nourriture qu'ils opèrent ces mutilations.

La ponte a lieu dans le courant du mois de juin, vers la Saint-Jean, dans les années ordinaires; beaucoup plus tôt, quand le mois de mai a été favorable à la végétation : dans tous les cas, c'est après le nouage des fruits que cette opération se fait. La femelle, à l'aide de sa trompe, perce sur les petites poires, un trou de 3 à 4 millimètres de profondeur, qu'elle élargit un peu dans le bas. Elle se retourne et dépose un œuf blanchâtre qu'elle pousse au fond du trou avec son rostre. Cet organe lui sert aussi pour reboucher en partie l'ouverture qu'elle vient de pratiquer; et, pour la fermer complètement, elle y dépose une matière glutineuse qu'elle lisse ensuite avec son abdomen; tout ce travail s'opère en moins d'une heure, dont le premier quart est employé à la perforation du trou.

En général, une femelle ne confie qu'un seul œuf à chaque fruit; cependant, on en trouve quelquefois un deuxième à côté du premier, mais dans un trou séparé; quelquefois aussi, et seulement dans des cas très-rares, on trouve un troisième œuf et même un quatrième, placés l'un près de l'autre dans une autre partie du fruit. Dans ce cas, il est naturel de supposer que ces derniers soient l'œuvre d'une autre femelle qui n'a pas vu que déjà la jeune poire avait reçu un dépôt semblable.

Dans certaines années, on rencontre un grand nombre de poirettes qui deviennent noires à la surface, molles à l'intérieur, et sur lesquelles se trouvent un ou plusieurs trous pratiqués par un Rhynchites; mais, si l'on examine l'intérieur de ces trous non bouchés, on n'y rencontre jamais d'œufs, parce que, probablement, la femelle a senti que déjà la partie charnue du fruit était en décomposition, et qu'elle ne pourrait servir aux développements ultérieurs de la larve. En 1857, cette maladie était assez commune sur les fruits des Poiriers en quenouilles de certains jardins de Vallières, de Plantières et de Vaux; en ouvrant les poires ainsi affectées, on découvrait, dans quelques-unes, de 18 à 20 larves apodes et jaunâtres, au milieu d'une pulpe noirâtre. Contrairement à l'opinion émise par plusieurs horticulteurs, je puis assurer que ces larves n'appartiennent pas aux Rhynchites, et qu'elles sont celles d'un insecte dont l'histoire sera écrite dans une autre partie de ce travail.

Au bout d'un temps plus ou moins long, selon la température, mais qui, en général, ne dépasse pas une semaine, il éclôt une petite larve apode, d'un blanc rosé, molle, courte, composée de 12 anneaux peu distincts, avec la tête noire et écailleuse. Cette larve commence immédiatement à creuser une galerie qui va jusqu'à l'endocarpe, et qu'elle continue ensuite jusqu'à ce qu'elle arrive à percer une seconde ouverture de l'autre côté du fruit. Dans quel but s'accomplit ce double travail? est-ce pour que la larve puisse recevoir l'air extérieur, ou donner une issue à ses excréments? ces deux suppositions sont également admissibles; et, pour mon compte, je pense que c'est pour atteindre ce double but, que la larve opère cette perforation, car je n'ai jamais trouvé d'excréments que dans la branche de la galerie qui correspond au trou pratiqué par la femelle. L'enduit glutineux que celle-ci dépose à l'entrée du trou, afin de mettre sa progéniture à l'abri des intempéries et des attaques d'autres insectes, étant trop dur pour les faibles mandibules de la jeune larve, il s'en suit que celle-ci ne peut pas l'entamer et donner ainsi passage aux insectes carnassiers ou aux Ichneumons parasites; il est probable aussi que l'œuf est toujours disposé de telle sorte que, lors de son éclosion, la larve n'a qu'à creuser devant elle pour trouver sa nourriture.

Au bout de quelques jours s'opère une première mue; et 3 à 4 semaines plus tard, la larve a acquis tout son développement. Alors elle abandonne le fruit, dont elle détermine presque toujours la chute par sa présence, et va s'enfoncer dans la terre où elle se transforme en nymphe et attend, dans cet état, le printemps suivant, où elle éclôt à l'époque de la floraison des Poiriers et des Pommiers.

C'est en effet sur ces deux arbres qu'on rencontre l'insecte le plus ordinairement. Selon Walkenaer, il se trouve aussi sur la vigne; mais il a bien certainement commis une erreur, et le savant orientaliste a confondu cet insecte avec le *Rh. betuleti*, ou avec le *Rh. Conicus*. Quelquefois aussi il attaque les jeunes cerises et les jeunes prunes, mais il paraît que cela n'arrive que quand elles sont très-abondantes, ou que les poires et les pommes font défaut. Je n'ai trouvé aucun renseignement qui puisse m'autoriser à croire que cet insecte soit fréquent dans notre département, ou qu'il y ait causé des dommages considérables. Cependant, comme les observations de ce genre ont été fort mal faites jusqu'ici, et que souvent on se plaint que les poires tombent pendant le mois de juin, il est bon de visiter fréquemment ces arbres et de détruire avec soin tous les fruits perforés qu'on y rencontre.

Quant à l'insecte lui-même, il passe ordinairement la nuit sur les feuilles de l'arbre; il sera donc très-utile de secouer ceux-ci le matin, au-dessus d'une toile, afin d'en faire tomber les individus qui l'habitent, et de pouvoir alors facilement les détruire.

14. RHYNCHITES AURATUS (Scopoli).

Schœnherr; *Synonym. Curculionid.*; tome I, page 219.

Synonymie: *Curculio auratus* (Scopoli); — *Attelabus bacchus* (Olivier); — *Attelabus auratus* (Payk); — *Rhynchites rubens* (Mégerle; Dej. catal.); — *Curculio aurifer* (Oliv.); *Attelabe doré.*

Cette espèce est voisine de la précédente, et s'en distingue surtout par sa trompe proportionnellement plus courte et plus grosse, et dont plus de la moitié est d'un beau pourpre doré, tandis qu'elle est unicolore dans le *Rh. bacchus.*

En général, cet insecte est rare dans le département de la Moselle, je ne l'y ai jamais rencontré sur le Poirier. Selon Ratzeburg, il a des habitudes à peu près semblables à celles que nous venons de faire connaître pour le *Rh. bacchus.* M. Nœrdlinger l'indique comme vivant également sur le Poirier et le Pommier.

On n'en connaît ni la larve ni les mœurs, et on ne sait si sa femelle pond sur les jeunes fruits, comme le *Rh. bacchus,* ou sur les jeunes pousses, comme nous allons le voir pour le *Rh. conicus.* Il est probable que cette opération offre quelque particularité intéressante à observer, mais la rareté relative de l'insecte, fait qu'on sera peut-être longtemps avant de connaître toutes les phases de son histoire.

15. RHYNCHITES CONICUS (Illiger).

Schœnherr ; *Synonym. Curculionid.;* tome I, page 231.

Synonymie : *Rhynchites conicus* (Illiger) ; — *Attelabus alliariæ* (Fabr.) ; — *Curculio alliariæ* (Oliv.) ; — *Involvulus alliariæ* (Schranck) ; — *Curculio cœruleus* (Fourcr.) ; — *Curculio nanus* (Marsh.) ; — *Attelabus pubescens* (Rossi) ; — *Curculio icosandriæ* (Scopoli) ; — *Rhinomacer* (Geof.) ; — *Bêche,* — *Lisette,* — *Coupe-bourgeon* de nos jardiniers ; — *Zweigabstecher* des allemands.

Cet insecte est beaucoup plus petit que les précédents ; il est aussi proportionnellement plus court et plus velu ; d'un beau bleu d'acier brillant, avec les tarses et les antennes noires; élytres profondément striées ponctuées.

On le rencontre au mois de mai sur tous les arbres fruitiers, et aucune de leurs variétés ne m'en a paru exempte. Souvent on le trouve accouplé, et le nombre des individus en est quelquefois vraiment prodigieux. Il y a quelques années que, sur un jeune

Poirier de Vallières, j'ai pu en recueillir un assez grand nombre
pour remplir, en quelques instants, une boîte de la contenance
d'un centilitre et demi.

Cet insecte se nourrit du suc des jeunes bourgeons et des jeunes
feuilles, dont il attaque aussi quelquefois le parenchyme; quand
il est abondant, on le rencontre surtout dans la fleur, dont il coupe
ou perfore tous les organes. Mais ce sont plus particulièrement les
femelles qui, au moment de la ponte, causent les plus grands dommages aux Poiriers, en coupant une grande quantité de jeunes
pousses, pour y déposer leurs œufs. Voici d'après les auteurs allemands, et d'après ce que j'ai vu moi-même, comment s'accomplit
ce travail :

Au printemps, au moment où les arbres à fruits commencent
à pousser, et presqu'aussitôt après l'accouplement, la femelle
procède d'abord au choix d'une jeune pousse de dimension
variable, mais toujours tendre, verte et non encore ligneuse.
Souvent ce n'est qu'après avoir essayé de couper deux ou trois
pousses, qu'elle en trouve une à sa convenance. Alors, sur le côté
de cette jeune branche qui fait face au tronc de l'arbre, et à
quelque distance de son insersion, l'insecte fait, avec ses mandibules, une incision oblique de la largeur de la trompe; puis, se
dirigeant vers l'extrémité de la pousse, il perce, non loin de
l'incision qu'il vient de faire, et sur le côté interne de la branche,
un trou qu'il creuse jusqu'à la moelle. La femelle se retourne,
dépose un œuf au fond, et l'y arrange convenablement avec sa
trompe. Comme elle ne bouche pas l'ouverture du trou, il est
probable qu'elle fixe l'œuf au fond, au moyen de quelque matière
glutineuse qu'elle secrète par la bouche; toujours est-il, qu'il est
difficile de détacher l'œuf ainsi déposé au fond du trou. Cette
première partie du travail dure environ une heure : après son
accomplissement, la femelle, sans se reposer, retourne à l'incision, l'agrandit en rongeant alternativement des deux côtés, et
en enlevant toute la partie supérieure de cette partie du pétiole;
elle continue ainsi à creuser jusqu'à ce que, par son propre poids, la
pousse tombe, et ne reste plus suspendue à l'arbre que par la partie

corticale externe. Ce sont ces branches pendantes qui constituent réellement les brindilles de nos jardiniers, plutôt que celles qui sont accidentellement produites par le *Rh. bacchus*.

Quelquefois l'insecte quitte son travail pour aller à l'extrémité de la branche, soit pour s'y reposer, soit parce que, trouvant le temps long, il craint de s'être trompé, et veut s'assurer que c'est bien a une jeune pousse qu'il a confié un œuf. On ne saurait admettre, comme quelques observateurs l'ont avancé, que cette manœuvre a pour but de hâter la chute de la brindille par le poids de l'insecte. Il est évident, dit avec raison Schmithberger, qu'un coup de mandibules aurait plus de succès.

Cette seconde partie du travail dure environ une heure et demie, après quoi, l'insecte se repose pendant quelques instants sur une feuille, qu'il pique çà et là à la surface, dans un but assez difficile à comprendre, car on ne peut supposer que ce soit pour sa nourriture, vu le peu qu'il en prend. Au bout d'une heure environ, la femelle recommence son travail de ponte en perçant, sur la pousse pendante, un trou à côté du premier, et dans lequel elle dépose aussi un œuf, et elle continue ainsi, en proportionnant le nombre de trous à la longueur de la brindille. J'ai rarement compté plus de quatre trous de ponte, et jamais plus de six, bien que, cependant, la longueur de la pousse où ils se trouvaient, eût aussi facilement permis d'en placer davantage.

Quelqu'opiniâtre que soit le travail d'une femelle, elle fait rarement plus de deux coupes par jour; si la nuit vient la surprendre, elle interrompt son travail et se retire sous une feuille voisine; le lendemain, elle reprend la perforation du trou, ou l'incision de la branche qu'elle avait été obligée d'abandonner; souvent aussi le froid, la pluie ou le vent vient déranger le Rhynchites dans l'exécution de cette singulière industrie.

Au bout de 8 jours, si le temps est favorable, il éclôt une petite larve blanche, avec la tête d'un brun noirâtre, apode comme toutes celles du même genre; elle a l'abdomen garni de petits mamelons constamment lubrifiés par une humeur visqueuse. Cette larve se nourrit de la moelle de la jeune pousse à demi-fanée;

elle change de peau plusieurs fois, et 3 à 4 semaines plus tard, elle a atteint toute sa croissance. Alors elle quitte l'arbre, s'enfonce dans la terre, à une profondeur de 5 à 6 centimètres, y passe l'hiver à l'état de nymphe, et éclôt au printemps suivant.

En général la ponte du Coupe-bourgeon a lieu en mai ou en juin, toujours un peu plus tôt sur le Poirier que sur le Pommier, dont l'insecte n'attaque les jeunes pousses que lorsque celles-ci ont perdu la plus grande partie du duvet cotonneux qui les recouvre dans leur jeunesse. A partir de juillet, le nombre des brindilles nouvellement coupées va de plus en plus en diminuant, et, au mois de septembre, on n'en rencontre plus.

Le *Rhynchites conicus* attaque un grand nombre d'arbres; mais il coupe de préférence les jeunes greffes, parce qu'elles sont en général plus tendres que les autres bourgeons. Richter cite des années où il perdit les *neuf dixièmes* de ses greffes par suite des ravages de cet insecte; Schmithberger dit qu'il aurait perdu la totalité de ses greffes dans certaines années, s'il ne lui avait fait une chasse continuelle. Ce Charançon n'attaque souvent qu'un œil de la greffe; quelquefois deux, et rarement trois.

On comprend aisément quelle influence doit avoir la température du printemps sur le développement et la propagation de cet insecte. En effet, un temps sec et chaud fait rapidement dessecher les brindilles; alors leur bois se contracte et comprime les œufs ou les larves qui s'y trouvent, ce qui les fait avorter. Un vent violent, en les faisant se détacher de l'arbre, contribue encore à hâter cette dissecation, et, par conséquent, à faire périr un grand nombre d'individus. Aussi, je recommande tout particulièrement aux jardiniers de ne pas se contenter, comme ils le font trop souvent, d'enlever de dessus leurs arbres les brindilles qu'ils y rencontrent. Il faut les réunir et les brûler, afin d'assurer la destruction de tous les parasites qu'elles renferment.

En secouant les arbres, le matin et pendant le jour, au-dessus d'une toile, on y fera tomber beaucoup des insectes qui s'y trouvent, et on pourra facilement les faire périr.

C'est, sans contredit, l'une des espèces d'insectes les plus nuisibles aux arbres fruitiers, et celle dont il importe le plus de se débarrasser, surtout dans les pépinières où l'on élève des jeunes sujets. Dans les jardins, ils attaquent de préférence les jeunes arbres, probablement parce que leurs pousses sont plus tendres.

16. RHYNCHITES BETULETI (Gyllenhal).

Schœnherr.; *Synonym. Curculionid.;* tome I, page 222.

Synonymie : *Attelabus betuleti* (Fabr) ; — *Curculio betulæ* (L.) ; — *Rhynchites betulæ* (Oliv.) ; — *Attelabus betulæ* (Ol.) ; — *Rhinomacer betulæ* (Laichart.) ; — *Attelabus populi* (Payk.) ; — *Curculio populi* (Payk.) ; — *Rhinomacer viridis* (Fourcr.) ; — *Rhinomacer alni* (Muller) ; — *Involvulus alni* (Schranck) ; — *Curculio betulæ*, Var. *violacea* (Donovan.) ; — *Curculio nitens* (Marsh.) ; — *Curculio violaceus* (Scopoli) ; — *Rhinomacer bispinus* (Muller) ; — *Curculio bispinus* (L.) ; — *Rhinomacer unispinus* (Muller) ; — *Rhinomacer inermis* (Muller) ; — *Curculio inermis* (L.) ; — *Attelabe du bouleau* ; — *Coupeur de raisin* ; — *Rebenstecher*, des allemands.

Corps d'un beau vert brillant en dessus, d'un vert doré en dessous ; trompe et pattes de cette dernière couleur ; la femelle ayant de chaque côté du corselet une épine droite, longue et aiguë (1).

A différentes époques, cet insecte a attiré l'attention des cultivateurs, et plus particulièrement celle des vignerons, à cause des ravages extraordinaires qu'il a causés dans certains vignobles. Souvent

___

(1) Relativement au sexe qui a le corselet épineux, il existe un désaccord extraordinaire entre les entomologistes. Linné dit positivement que c'est le mâle qui est dans ce cas ; Nœrdlinger, qui a vu des individus accouplés, dit également que c'est celui qui est dessus, et par conséquent le mâle, qui a le

il a été confondu avec le Rhynchites bacchus (Latreille lui-même a commis cette erreur, et, par son autorité scientifique, a entraîné celle de beaucoup d'entomologistes), et, à cause de sa ressemblance avec le *R. populi*, plusieurs auteurs allemands sont allés jusqu'à prendre celui-ci pour des jeunes du Coupeur de Raisin.

C'est ordinairement en juin que l'on rencontre le *R. betuleti* en plus grande abondance ; mais l'on en trouve encore en juillet, en août, et même en octobre dans certaines années. En général, c'est à la vigne qu'il cause le plus de dommage. Les arbres qui en sont ensuite plus particulièrement attaqués sont : le Hêtre, le Peuplier, le Tremble, le Tilleul, les Saules, l'Alizier, le Bouleau et le Noisettier ; rarement on le trouve sur les Poiriers ou les Coignassiers. Enfin Walther dit l'avoir rencontré sur le Pommier, ce que M. Nœrdlinger déclare impossible.

Rarement je l'ai vu sur le Poirier, et chaque fois que cette circonstance a eu lieu, j'ai toujours observé que c'était dans des jardins voisins des vignes. On peut donc supposer que les *R. Betuleti* qui s'y rencontraient, étaient des enfants perdus de l'espèce, et accidentellement éloignés de leur véritable habitat.

Malgré tout l'intérêt local que pourrait avoir l'histoire complète de l'insecte en question, je me bornerai à donner quelques détails particuliers à sa manière de vivre, quand il s'attaque au Poi-

corselet muni d'une épine de chaque côté ; Panzer, et d'après lui, Schœnherr et Ratzburg, disent au contraire que c'est la femelle. Helwig a trouvé des mâles non épineux, d'autres qui l'étaient, et des femelles qui l'étaient également. J'ai aussi rencontré des femelles dont le corselet est épineux, et je n'ai jamais vu de mâle ayant ce caractère. Un fait certain, c'est que dans les *R. bacchus* et *populi*, ce sont toujours les femelles qui présentent ces appendices prothoraciques : il est donc probable qu'il en est ainsi relativement à l'insecte qui m'occupe, et que, dans la majorité des cas, ce sont les assertions de Schœnherr et de Ratzburg qui sont les plus exactes.

M. Nœrdlinger reproche aussi à Schœnherr d'avoir dit, dans sa description, que le corps de cet insecte est *viridi sericeus*, tandis que l'*insecte est loin d'être velu*. J'en demande bien pardon à M. Nœrdlinger, mais pour des entomologistes, ce n'est pas *velu* que Schœnherr a voulu dire, mais bien *vert soyeux*, ce qui est bien différent et parfaitement exacte pour le *Rh. betuleti*.

rier. Ces renseignements seront empruntés à l'ouvrage de M. Nœrd-
dlinger, car je n'ai jamais vu *travailler* le Coupeur de Raisin
ailleurs que dans nos vignes.

Au mois de juin, au moment de la ponte, le *Rhynchites betuleti* recherche les pousses encore séveuses du Poirier, et, à
environ une longueur du doigt de leur extrémité, il fait, avec sa
trompe, une entaille transversale, de manière à faire pendre le
bourgeon terminal, mais sans le séparer complètement; les feuilles
de ce rameau, ainsi incisées, ne recevant plus qu'une faible nourriture, ne tardent pas à se faner, et l'insecte obtient ainsi une
alimentation plus molle et plus à sa convenance, pour fabriquer
l'étui dans lequel sa femelle opère la ponte. Pour prendre cette nourriture, l'insecte racle la surface supérieure de la feuille, en enlève
ainsi tout l'épiderme et le parenchyme, et ne laisse que l'épiderme
inférieur. C'est en ligne droite qu'il pratique cette manœuvre dont
il laisse souvent une trace entre chaque nervure. D'après Brei-
cher, qui a nourri des Rhynchites longtemps en captivité, il
paraît que l'insecte attaque aussi les grandes feuilles, dont il
coupe d'abord une partie du pétiole pour les faire faner, mais cet
auteur ajoute qu'il n'emploie ce moyen que quand il n'y a plus de
pousses à couper, et que les autres ressources lui font défaut.

L'accouplement se fait en juin; et, selon Bruschel, les mâles
restent constants et n'abandonnent pas leur femelle, même après
que celles-ci ont pondu. Pour opérer cette ponte, on sait que la
femelle enroule les feuilles de la Vigne en forme de cigare, en
se servant pour cela de son bec et de ses pattes. Quand elle
pond sur le Poirier, dont les feuilles sont plus lisses et beaucoup
plus petites, son travail est plus long et plus pénible; elle emploie
alors de 15 à 18 feuilles pour la confection de son rouleau. Sur
le Coignassier, dont les feuilles sont un peu plus grandes et un
peu velues, elle n'en prend que 4 ou 5. La conversion d'un extrémité de rameau ou d'une grande feuille en brindille, n'a pas
seulement pour but de préparer à l'insecte une nourriture plus
tendre, mais aussi, et principalement, de faire faner les feuilles
et de faciliter leur enroulement; et cela est si vrai, que, si

la section d'une branche est trop longue, si elle est interrompue par le mauvais temps, ou si elle reste sans résultat, l'insecte fait alors une entaille à la base du pétiole de toutes les feuilles qu'il veut en‑rouler afin de hâter leur étiolement. C'est encore le procédé qu'il emploie, quand il veut emprunter, à un autre bourgeon, les feuilles qui manquent sur celui avec lequel il a commencé son étui.

On sait que les Chenilles qui ont l'habitude d'enrouler les feuilles pour se mettre à l'abri, se servent, pour cette opération et pour maintenir la courbure de ces feuilles, de la soie qu'elles tirent de leur filière : les Rhynchites n'ont pas cette ressource, aussi ont-ils soin de faire faner d'abord les feuilles, pour leur faire perdre leur élasticité, et les maintenir facilement dans la disposition convenable. Selon les auteurs, ces feuilles seraient complètement fixées au moyen d'une sorte d'enduit gommeux sécrété par l'insecte qu'il fait sortir par la bouche. M. Nœrdlinger dit ne jamais avoir trouvé de traces de cette substance.

Quand un rouleau est terminé, la femelle y perce un trou, pond un œuf à l'ouverture, et l'y enfonce ensuite avec sa trompe, sans l'enduire d'une matière collante destinée à le fixer dans l'intérieur du rouleau. Après avoir disposé 5 ou 6 œufs dans autant de trous différents, et sur le même étui, la femelle passe à la confection d'une autre brindille et d'un autre rouleau. Ces œufs sont blanchâtres et de la grosseur d'un grain de millet ; du huitième au douzième jour après la ponte, selon l'état de la température, ils éclosent et donnent naissance à de petites larves apodes, blanchâtres, avec la tête rougeâtre et une raie noire longitudinale sur le dos.

On ne sait pas si le séjour des rouleaux sur l'arbre est utile au développement de la larve; on ne sait pas non plus quelle est, sur ces larves, l'influence de la pluie, du soleil, de la rosée, etc. Toujours est-il qu'elles se creusent des galeries dans le rouleau, et qu'elles se nourrissent de la substance des feuilles qui le composent. On n'est pas d'accord non plus sur le nombre de mues qu'elles y subissent, ni sur le temps qu'il leur faut pour achever leur croissance. Selon quelques auteurs, cette durée est de

5 semaines; selon d'autres, elle est de 5 semaines. Pour ceux qui ont élevé des Chenilles ou des larves phythophages, ils savent combien cette durée est variable et dépend de la quantité de nourriture, de la température du milieu où elles vivent, etc. Je pense qu'il en est de même pour les larves des Rhynchites, et que ceux qui donnent le chiffre de 21 jours, peuvent avoir aussi bien observé que ceux qui assignent une durée de 35 jours à la vie de ces larves. Quoiqu'il en soit, au bout de cette phase de leur métamorphose, elles percent le rouleau et vont se réfugier dans la terre, où elles se fabriquent une coque et en enduisent l'intérieur d'une substance gommo-résineuse. Au bout de quelques jours, elles s'y transforment en nymphes; environ trois semaines après, l'insecte est tout formé, et n'attend que la pluie pénétrante de l'arrière saison, pour sortir de sa retraite. C'est alors qu'on en voit des individus sur les feuilles des arbres qu'ils continuent à ronger, jusqu'à ce que les premiers froids les obligent à chercher un abri pour passer l'hiver.

Il arrive quelquefois que les Rhynchites qui éclosent en juillet ou en août s'accouplent à cette époque, ce qui produit la seconde génération de l'année. Mais on ne sait pas si les femelles opèrent cette deuxième ponte sur des paquets de feuilles enroulées, ou si, comme quelques auteurs le prétendent, les larves de cette génération accidentelle vivent à découvert sur les feuilles des arbres, ou enfin, si elles y creusent des galeries comme certaines Chenilles mineuses? En général, la plus grande partie des insectes qui éclosent ne s'accouplent pas, et aux premiers froids, ils se cachent dans les crévasses des arbres, dans les fentes de l'écorce, sous les mousses et les lichens, dans les fissures des tuteurs, etc., etc, pour n'en sortir qu'au printemps suivant, au moment où les arbres commencent à pousser. Les individus de la seconde génération, quand celle-ci a lieu, passent au contraire l'hiver dans la terre, renfermés dans leurs coques, et n'en sortent qu'aux premiers beaux jours.

Comme je l'ai dit plus haut, c'est surtout à la Vigne, que le Coupeur de Raisin cause le plus de dommages; cependant, les autres arbres fruitiers sont loin de jouir d'une immunité complète, et il serait certainement curieux de savoir à quelles circonstances climatologiques on doit attribuer la préférence qu'il parait donner, a certaines époques, aux vergers ou aux vignes, quand ces deux éléments se trouvent également à sa portée, comme cela a lieu dans le département de la Moselle (1).

Outre les procédés de destruction indiqués plus haut, pour les *Rhynchites bacchus* et *conicus*, il faut avoir soin de réunir tous les rouleaux et de les brûler.

Quand il est extrêmement abondant, on a conseillé l'arrosage, des plantations envahies, avec des solutions de sel de saturne (acétate neutre de plomb), le sublimé corrosif (deutochlorure de mercure), les eaux acidulées, etc., etc. Mais, outre que ces moyens n'ont pas réussi, et qu'ils sont même dangereux, ces substances peuvent nuire beaucoup plus à la plante que l'insecte lui-même. La solution de sulfate de cuivre, dont il a été question à propos de l'*Agrilus viridis*, reussirait-elle mieux?

Secouer les arbres dans le moment de la ponte, de l'accouplement ou de la confection des rouleaux, est une opération assez difficile à mettre à exécution sur une large échelle, mais c'est encore le seul moyen qui puisse raisonnablement être conseillé.

17. RHYNCHITES CUPROEUS (Gyllenhal).

Schœnherr; *Synonym. Curculionid.*; tom. 1, page 214.

Synonymie : *Attelabus cuprœus* (Fabr.); — *Curculio cuprœus* (L.); — *Rhynchites punctatus* (Herbst.); — *Attelabus*

(1) Pour donner une idée de la proportion que, dans certains cas, peut prendre la multiplication de cet insecte, je citerai les deux faits suivants qui se sont passés, au siècle dernier, dans des provinces voisines de la nôtre : En 1750, les vignes de Landau étaient complètement dépouillées de leurs feuilles, avant la fin du mois de juin, et le bois tellement endommagé par le *R. betuleti*, que la récolte de l'année suivante fut réduite au *trente-cinquième*. En 1756, le *R. betuleti* a été trouvé à Roth (grand-duché de Bade), en si grande quantité, que l'on a pu en ramasser *quatre hectolitres en un seul jour*, et que les *neuf dixièmes* de la récolte furent perdus (V. Nœrdlinger; Loc. cit. ; page 130).

œneus (Latr.); — *Involvulus metallicus* (Schranck.),
Var. B.; — *Rhynchites cupræus* (Oliv.); — *Curculio pur-*
pureus (Lin.); — *Attelabus purpureus* (Fab.); — *Apion*
purpureus (Herbst.); — *Perce-Prune*, des jardiniers; —
Pflaumenborer, des Allemands.

Insecte de la taille du *R. conicus*, et par conséquent beaucoup plus petit que le *R. bacchus*, dont il a la coloration
métallique, couverte d'un très-léger duvet grisâtre; dessous du
corps de couleur plus obscure; élytres presque carrées, planes
et fortement ponctuées striées.

Cet insecte est très-rare dans le département de la Moselle : je
ne l'y ai trouvé qu'une fois sur un Cerisier. D'après M. Nœrdlinger,
c'est à cette espèce qu'il faudrait rapporter des œufs trouvés par
cet auteur, au mois de juin 1851, sur les pousses d'un jeune Poirier.

Ces branches n'étaient pas séparées de l'arbre par une coupe
partielle comme celles auxquelles le *R. conicus* confie ses œufs.
Les trous qui renfermaient des œufs de Rhynchites étaient disposés
en spirale et non en ligne droite.

D'autre part, on sait parfaitement que le *Rh. cupræus* a l'habitude de pondre ses œufs sur les jeunes prunes ou sur les jeunes
cerises, et qu'il fait ensuite une incision sur le pédoncule de ces
fruits, et jamais sur les pousses de l'arbre; il y a donc là une
contradiction évidente entre ces deux manières d'assurer l'avenir
de leur progéniture, et on ne peut raisonnablement les attribuer
toutes les deux à la même espèce d'insecte, laquelle modifierait
d'une manière aussi radicale ses habitudes, quand les prunes ou les
cerises viennent à faire défaut.

Dans une lettre que m'écrivait mon savant ami **M. Chevrolat**,
en octobre 1855, il me signalait le *Rhynchites minutus G.* (1)

(1) RHYNCHITES MINUTUS (Germar).
Schœnherr; Synonym. Curculionid.; tome 1, page
Synonymie : *Rhynchites arcuatus*, (Dej., Catal.); — *Rhynchites* viridis
(Mégerle).
Ovale, d'un vert foncé et blanchâtre, pubescent un peu brillant; corselet

comme vivant plus particulièrement sur les Pommiers et sur les Poiriers. J'ai depuis, en effet, trouvé cet insecte sur de jeunes Pommiers élevés en espaliers, près de nombreux Poiriers; mais je n'ai pu trouver de trace de leurs travaux. Malgré toutes les probabilités, je ne puis donner, avec certitude, cet insecte comme étant celui dont le professeur de Stuttgard décrit la manière de pondre. Je dois encore, à l'appui de cette dernière manière de voir, faire remarquer que le *R. cupræus* est beaucoup plus grand que le *R. minutus*, et que M. Nœrdlinger dit positivement que les œufs qu'il a trouvés sont de la grosseur de ceux qui sont pondus par le *R. conicus*, dont la taille se rapproche le plus de celle du *Rh. minutus*.

18. RHYNCHITES PAUXILUS (Germar.).

Schœnherr; *Synonym. Curculionid.;* tome I, page 232.

Synonymie: *Curculio alliariæ* (Rossi.); — *Attelabus cœruleus* (Fabr.); — *Rhynchites germanicus* (Herbst.); — *Involvulus sulcidorsum* (Schranck).

D'un bleu foncé; plus petit et plus velu que le *Rh. conicus;* yeux proéminents; corselet cylindrique, canaliculé au milieu, et fortement ponctué; élytres striées, ponctuées, avec les intervalles de stries étroits et convexes

Cette espèce est très-commune dans nos environs, sur les Poiriers et les Pommiers, pendant leur floraison. Quoique je n'aie pu faire des observations complètes sur la manière de pondre de cet insecte, je n'hesite pas, d'après ce que j'en ai vu, a lui attribuer ce que Schmithberger rapporte d'un *Rhynchites* plus petit que le *R. conicus*. D'après cet auteur, la femelle de cette espèce inconnue, pond ses œufs sur les pétioles des feuilles, après les avoir en partie coupés, en y pratiquant un entaille à *droite*

fortement ponctué; élytres profondément striées et ponctuées, avec les intervalles lisses.

et à gauche, et non en dessus comme le fait le *R. conicus*, quand, par hazard, les jeunes pousses lui font défaut, et qu'il est réduit à pondre sur les pétioles des feuilles. M. Nœrdlinger dit aussi avoir trouvé, au commencement de juillet, des jeunes larves provenant d'œufs pondus dans les conditions qui viennent d'être indiquées, et vivant à découvert sur le dos de la feuille, à la base du pétiole. Ne serait-ce pas ces jeunes larves que l'on aurait à tort rapportées à la seconde génération du *Rh. betuleti*? Car, tout en admettant la possibilité de cette seconde génération, n'est-il pas difficile de comprendre une aussi grande différence dans les mœurs des larves d'une même espèce mais provenant de deux pontes successives ?

Malgré deux tentatives infructueuses, je n'ai encore pu élever les petites larves que j'attribue à *Rh. pauxilus*, et résoudre complètement la question qui m'occupe : j'espère être plus heureux en 1857. Toujours est-il que les larves en question, qui me paraissent bien appartenir à un Curculionite, ne ressemblent en rien à celles de Rhynchites que l'on a déjà fait connaître.

Les moyens de destruction indiqués précédemment pour les espèces congénères, peuvent être appliqués à cet insecte. Quant aux larves qu'on lui attribue, un soufflage à la chaux ou aux cendres de bois les fait rapidement disparaître; pour détruire les œufs, il faudra brûler toutes les feuilles isolées pendantes par une partie de leur pétiole.

XIII. APION. Herbst. (1).

Schœnherr ; *Synonym. Curcul.* ; tome 1, page 249.

Antennes médiocres, insérées à la base ou au milieu du rostre, les trois dernières en massue; tête enfoncée dans le corselet ; trompe longue, filiforme, droite ou plus ou moins

---

(1) Synonymie : APIUS (Bilberg); — ATTELABUS (Fabr.); — OXYSTOMA (Duméril); — RHINOMACER(Laicharting); —CURCULIO (Linné).

arquée; élytres ovales, très-convexes, recouvrant complètement l'abdomen.

Insectes de très-petite taille, de couleur rouge, bleue ou métallique, quelquefois recouverts d'un duvet grisâtre; les espèces sont très-nombreuses (plus de 200 sont décrites dans les auteurs), et beaucoup d'entre elles se font remarquer par le nombre prodigieux des individus; ils vivent en société sur diverses espèces de plantes, auxquelles ils causent souvent de grands dommages, par leur étonnante fécondité.

On a décrit les larves d'environ dix espèces d'Apion; malgré ce petit nombre, relativement à la richesse du genre, on a observé, pour plusieurs d'entre elles, les mœurs les plus disparates. Ainsi, les unes vivent dans les graines de légumineuses; d'autres habitent des galles, à la manière de certaines Hyménoptères; enfin, quelques-unes creusent des galeries dans les jeunes tiges de certains arbres, etc. On a également fait connaître plusieurs Ichneumons qui vivent en parasites sur quelques-unes d'entre elles.

Les Apions qui vivent sur les arbres fruitiers, leur sont particulièrement nuisibles; les femelles de ces insectes perforent les jeunes tiges, les ovaires ou les bourgeons, pour déposer leurs œufs dans les trous pratiqués par des procédés non encore bien observés; les larves qui en éclosent se nourrissent de la moelle ou des organes embryonnaires de la fleur, ou des feuilles, selon qu'elles vivent aux dépens de l'une ou de l'autre de ces parties de la plante.

19. APION POMONOE (Germar).

Schœnherr.; *Synonym. Curcul.*; tome 1, page 250.

Synonymie : *Attelabus pomonœ* (Fab.); — *Apion cœrulescens* (Kirby); — *Curculio cœrulescens* (Marsham); — *Attelabus cyaneus* (Panzer); — *Curculio glaber, var. B.* (Marsham); — *Obstspitzmaüchen*, des Allemands.

Long de 4 à 5 millimètres; noir; trompe effilée en alène;

corselet ponctué, canaliculé postérieurement ; élytres presque ovales, gibbeuses, bleues, avec des stries ponctuées.

En avril et en mai, cette espèce parait en très-grande abondance sur les fleurs des arbres fruitiers, qui en sont quelquefois littéralement couvertes. En 1844, j'ai pu, dans un verger de Woippy, en récolter une quantité suffisante pour en remplir un flacon de la contenance de 6 centilitres.

L'accouplement se fait au moment de leur apparition la plus abondante : les mâles ne tardent pas à disparaître, et les femelles perforent, avec leur trompe, les parties internes de la fleur, non pour s'en nourrir, comme le dit Bouché et comme semble le croire M. Nœrdlinger, mais pour y déposer leur ponte.

Je n'ai pu encore savoir si une femelle confie plusieurs œufs au même trou, ou si les nombreuses perforations que j'ai souvent observées sur la même fleur, sont l'ouvrage d'autant de femelles différentes. La larve n'a pas encore été décrite ; mais j'ai en ce moment des jeunes poires et des jeunes pommes qui renferment des larves que j'ai tout lieu de croire appartenir à un Apion, et que j'espère pouvoir faire connaître plus tard, quand elles auront subi toutes leurs métamorphoses.

D'après les auteurs allemands, il parait que l'insecte parfait éclôt en août, en septembre, et quelquefois même en octobre. Ce qu'il y a de certain, c'est que l'*Apion pomonœ*, dont on ne retrouve plus un seul individu fin de juin ni en juillet, se rencontre de nouveau, en août et en septembre, sur les feuilles des Poiriers et des Pommiers, et qu'alors il se nourrit, *dit-on*, du suc moelleux des Pucerons (*Blattlaüs*), qui habitent les feuilles de ces arbres fruitiers. Aux premiers froids, ces insectes se retirent dans les crevasses de l'écorce, sous les mousses, etc., pour y être à l'abri pendant l'hiver ; et au printemps, ils reparaissent aux premiers beaux jours.

L'*Apion pomonœ* a-t-il une seconde génération dans l'année ? Je ne puis résoudre complètement cette question, mais je dois faire observer que les individus que l'on rencontre pendant la fin de l'été, sont loin d'être, par leur nombre, en rapport avec ceux que l'on trouve souvent par milliers au printemps suivant. Si cette seconde génération n'a pas lieu, il faut alors admettre que les individus qui apparaissent en été, sont des produits des premières pontes, et que les insectes formés en août ou en septembre, trompés par la température de cette époque de l'année, sortent de leur coque avant le plus grand nombre des individus qui sont alors moins avancés et qui doivent passer l'hiver dans le milieu où ils ont subi leur dernière transformation.

Pour détruire les Apions, il faut, le matin surtout, secouer les arbres au-dessus d'un linge, et brûler les insectes qui y tombent.

XIV. POLYDROSUS. Schœnherr (1).

Schœnherr.; *Synonym. Curculionid.;* tome II, page 134.

Antennes tenues, assez longues, avec le scape en massue, les 2 premiers articles du funicule assez longs, les autres courts, massue ovale et allongée ; yeux assez saillants ; corselet petit, un peu rétréci en avant ; élytres ovales et allongées avec les épaules bien marquées ; jambes presqu'égales, cuisses mutiques ou dentées, jambes épineuses.

Petits insectes couverts d'écailles soyeuses, ordinairement d'un vert tendre ou d'un vert doré, quelquefois bruns, maculés de gris et de blancs. L'Europe tempérée semble être leur patrie de prédilection : l'Asie et l'Amérique en nourrissent cependant quelques espèces. Tous vivent sur les plantes et s'y multiplient quelquefois en grande quantité. On n'a encore observé les larves que d'une seule espèce, *P. Cervinus* (L.) (2), mais leur histoire est loin d'être complète, car, outre qu'on ne sache rien de leur organisation inté-

(1) Synonymie : POLYDRUSUS (Germar) ; — DASCILLUS (Mégerle) ; — MURANUS (Mégerle) ; — CURCULIO (Degéer) ; — PHYLLERASTES (Stéven).

(2) MM. Chapuis et Candèze (*Catalogue des larves de Coléoptères*), commettent une erreur en signalant au genre *Polydrosus* (F.) la larve du P. oblongus décrite par Kollar en 1837 *(Naturges ; der Schœdlich ;* page 259). C'est du *Phyllobius oblongus* (L.) dont il est question, et la citation faite à la page 546

rieure, on n'est pas d'accord sur leur genre de nourriture : ainsi, MM. Kollar et Ratzburg les croient Phytophages, tandis que, selon Bouché, celle du *P. Cervinus* est phyllophage, et ne s'enfonce dans la terre que pour y subir ses métamorphoses.

20. POLYDROSUS SERICEUS (Gyllenhal).

Schœnherr.; *Synonym. Curculionid.*; tome II, page 148.

Synonymie : *Curculio sericeus* (Gyll.) ; — *Polydrosus sma-ragdinus* (Dej.) ; — *Dascillus smaragdinus* (Mégerle) ; — *Polydrosus squammosus* (Germ.) ; — *Curculio splendideus* (Herbst.) ; — *Dascillus malachiticus* (Knoch.) ; — *Cur-culio formosus* (L.) ; — *Golsdchneiden*, — *Graurusseler kœfer* des Allemands.

Oblong, noir, mais couvert d'écailles soyeuses d'un beau vert tendre ; antennes et pattes d'un jaune testacé.

Long d'environ $0^m,004$; ce charmant petit insecte est assez commun au mois de juin sur un grand nombre d'arbres. Les indi-vidus frais ont tout le corps d'un beau vert, mais au bout de quelques jours, les femelles, surtout, perdent une partie des écailles qui les recouvrent, et une plus ou moins grande partie de leur corps paraît noire.

L'analogie qui existe entre les diverses espèces du genre Poly-drosus et quelques-unes de celles du genre Phyllobius, a dû faire confondre les mœurs de la plupart de ces insectes, surtout par les horticulteurs, qui sont peu aptes, en général, à distinguer les diffé-rences spécifiques de ces Curculionites.

En 1856, j'ai vu, au Sablon, un *Polydrosus sericeus* perforant un bouton de Poirier (var. Saint-Germain). Il est probable que l'attention que j'apportais à son travail l'importunait, car il l'a abandonné, et je n'ai pu voir dans quel but il l'avait commencé.

par les entomologistes belges, doit être reportée au genre *Phyllobius*, à la page 549 du même ouvrage.

Cet individu était une femelle dont, en ouvrant l'abdomen, j'ai retrouvé les œufs.

D'après Hegelschwiller, une espèce voisine, le *P. Mali*, pond ses œufs dans une petite cavité des boutons à fleurs. La femelle pratique ce trou avec sa trompe; quelquefois aussi elle perfore les jeunes pousses ou les boutons à feuilles. Ces œufs sont au nombre de un ou deux seulement pour chaque ouverture. Cet observateur ajoute que la ponte se fait, sans doute, pendant la nuit; car, pendant le jour, l'insecte vole çà et là avec beaucoup d'agilité. La larve éclôt au bout de huit jours, entre plus avant dans le bouton, et ronge une partie des organes qu'il renferme, mais pas toujours complètement, de sorte que souvent la fleur peut encore s'épanouir et donner un fruit qui, dans ce cas, est petit, maigre, mal tourné et dur. Arrivée au moment de se transformer en nymphe, la larve perce une galerie qui va jusqu'au pédoncule du fruit; celui-ci tombe, et la larve s'enfonce dans la terre, où elle achève de s'y métamorphoser en un insecte qui passe l'hiver dans le sol, et d'où il sort au printemps.

Cette manière de pondre, en perforant des boutons à fleurs ou à feuilles, est certainement très-remarquable chez un insecte qui a une trompe aussi courte que celle des Polydrosus. Aussi, j'ai d'abord cru qu'on avait confondu ce Charançon avec quelques autres à rostre plus effilé, jusqu'au moment où j'ai vu moi-même, un *P. sericeus* perforer un bouton de Poirier. Est-ce toujours à cette espèce qu'il faut attribuer la chute, souvent considérable, de jeunes poirettes? Dans ces fruits ainsi tombés, on observe ordinairement une larve blanchâtre et apode. Je cherche, depuis plusieurs années, à suivre les transformations de cette larve, sans y parvenir.

Ainsi que je l'ai déjà dit, le *Polydrosus sericeus* vit sur un grand nombre d'arbres, même sur des conifères. On ne sait comment il opère sa ponte dans ces nouvelles conditions. Les individus qu'on rencontre sur ces arbres résineux, étant proportionnellement toujours plus petits, plus étroits, et d'un beau vert tendre uniforme, il est permis de supposer qu'ils constituent une espèce différente.

Dans les jardins, on aura soin de ramasser et de brûler, ou au moins de porter au fumier, toutes les brindilles, les feuilles sèches et pendantes, les fruits tombés, etc , puisque nous voyons que, dans la majorité des cas, ces parties séparées de l'arbre renferment les larves ou les œufs d'insectes plus ou moins nuisibles.

XV. PHYLLOBIUS. Schœnherr (1).

Schœnherr ; *Synonym. Curculionid.;* tome II, page 434.

Antennes longues, les 2 premiers articles du funicule allongés ; massue ovale, allongée, pointue ; rostre court et épais ; yeux saillants ; corselet rétréci en avant ; élytres oblongues ; épaules effacées ; corps ailé, un peu mou ; pattes longues.

Les Phyllobies ont le corps brun ou couvert de jolies écailles vertes, soyeuses, dorées ou bleuâtres. Ils sont propres à l'Europe (2), d'où on en a déjà décrit plus de 75 espèces ; le nombre des individus en est quelquefois très-considérable. Ainsi que leur nom l'indique, ils sont phyllophages. C'est sur les feuilles, et ordinairement à leur face inférieure , quand il fait trop chaud , sur les jeunes bourgeons ou sur les jeunes greffes, qu'on les trouve le plus souvent. Ces insectes mangent les feuilles dans toute leur épaisseur, et non en les raclant, comme le font les *Magdalis*, ainsi que le dit M. Nœrdlinger, en parlant de ces derniers.

Quoique ces insectes soient très-communs, très-abondants, et qu'ils aient été souvent observés, on ne connaît encore rien de l'histoire de leurs larves. Les auteurs sont loin d'être d'accord sur leurs habitudes, leur manière de pondre, etc. C'est en juin qu'on les trouve accouplés pendant très-longtemps à la face inférieure

---

(1) Synonymie : POLYDRUSUS (Dejean) ; — PHYLLEBASTES (Sch.) ; — CHRYSIS (Mégerle.) , — DASCILLUS (Mégerle) ; — MURANUS (Mégerle) ; — CURCULIO (Lin.).

(2) Le Ph, tœniatus (Say.) n'appartient pas au genre dans lequel Schœnherr l'avait placé. M. Melsheim le place dans le genre APHRASTES. (Catalogue of the described Coleoptera of the United States , etc.; Washington , 1855.)

des feuilles de beaucoup de plantes, et les femelles restent longtemps avant de disparaître. Malgré la grande abondance des Phyllobius en 1857, je n'ai pu découvrir, cette année, leur manière de pondre, ni savoir si leurs larves sont mineuses, ou si elles vivent dans des paquets de feuilles qu'elles agglomèrent entre elles, comme l'avancent certains auteurs. Mais, comme je l'ai déjà fait observer en plusieurs occasions, les espèces de ce genre ont dû être confondues entre elles, et on a probablement attribué à une espèce quelque particularité qui n'appartient qu'à un insecte voisin. Les Phyllobies ont des caractères distinctifs souvent difficiles à constater, et le grand nombre de variétés que présentent certaines espèces, sont autant de causes qui ont pu produire ce résultat.

21. PHYLLOBIUS CALCARATUS (Fabre).

Schœnherr; *Synonym. Curculionid.*; tome II, page 435.

Synonymie : *Curculio calcaratus* (Fabr.) ; — *Curculio pyri* (Illiger) ; — *Polydrosus pyri* (Déj.) ; — *Polydrosus scopoli* (Dalm.) ; — *Curculio glaucus* (Scopoli) ; — *Curculio carniolicus* (Scopoli).

Longueur 5 à 7 millimètres ; oblong, noir, un peu velu, couvert de petites taches soyeuses d'un gris cendré ; antennes et pattes rougeâtres ; corselet légèrement comprimé ; écusson arrondi en arrière.

La couleur des taches est très-variable ; souvent elles sont grises ; quelquefois elles sont d'un beau rouge cuivreux et doré, vertes ou verdâtres ; enfin, chez quelques individus, surtout sur les derniers que l'on rencontre, elles manquent sur une plus ou moins grande étendue. La couleur des pattes est également très-variable, et l'on trouve tous les passages du jaune testacé clair au rouge ferrugineux plus ou moins foncé, et jusqu'au noir. Les antennes sont ordinairement de la couleur des pattes, et présentent, sous ce rapport, aussi peu de fixité que ces organes.

Le *Ph. calcaratus* est, dans nos environs, celui de toutes les espèces de ce genre que l'on rencontre le plus rarement sur les arbres fruitiers. C'est ordinairement sur les Poiriers en espaliers qu'on en trouve quelques individus, qui en rongent les feuilles, surtout pendant la nuit. Ce sont là les seuls renseignements exacts que j'ai pu recueillir de la part de quelques jardiniers; car on sait qu'en général, on ne peut espérer des observations bien faites de la plupart d'entre eux.

22. PHYLLOBIUS PYRI (Linné).

Schœnherr; *Synonym. Curculionid.*; tome II, page 437.

Synonymie : *Curculio pyri* (L.) ; — *Curculio œruginosus* (Payk); — *Curculio argentatus* (Laich.) ; — *Curculio cæsius* (Marsh.) ; — *Curculio alneti* (Illig.) ; — *Curculio pyri; var.* (Payk.) ; — *Curculio cnides* (Marsh.) ; — *Curculio ribesii* (Brem.) ; — *Curculio urticæ* (Degéer) ; — *Curculio prasinus* (Oliv.).

Long de 6 millimètres ; voisin du précédent ; oblong , noir, couvert d'écailles soyeuses , variant du vert tendre au verdâtre; antennes et pattes d'un brun ferrugineux ; corselet court , fortement rétréci en avant ; écusson pointu en arrière : ce dernier caractère permet toujours de distinguer cette espèce de la précédente.

Cet insecte est très commun sur les Poiriers et plusieurs autres arbres fruitiers de la même famille.

Au mois de juillet 1856, j'ai trouvé, sur un jeune Poirier sur lequel j'avais observé un grand nombre de *Ph. pyri* quelques jours auparavant, plusieurs feuilles *minées* par *des larves de Curculionites*. Ces larves étaient blanchâtres , avaient environ 3 millimètres de longueur, et elles pourraient bien être celles de ce *Phyllobius*. Malheureusement, je n'ai pu suivre ces larves dans toutes leurs tranformations ; et, 10 jours plus tard, quand je suis retourné pour les observer de nouveau, elles avaient entièrement disparu : il est probable qu'elles s'étaient réfugiées en terre pour y achever leur transformation.

23. PHYLLOBIUS ARGENTATUS (Linné).

Schœnherr ; *Synonym. Curculionid.* ; tome II, page 447.

Synonymie : *Curculio argentatus* (Lin.) ; — *Curculio sericeus* (Scriba) ; — *Var. Curculio arborator* (Herbst.) ; — *Silber graurüssler* des allemands.

Un peu plus petit que les précédents ; oblong, noir, couvert d'écailles d'un vert argenté, d'un cendré verdâtre ou d'un bleu verdâtre, parsemé en outre de quelques poils raides, rares et disposés en séries longitudinales plus fournies vers les extrémités des élytres ; antennes un peu épaisses ; jambes et tarses jaunâtres ou variant, comme les antennes, de cette couleur au roux ferrugineux.

Cette espèce, dont la forme est étroite et allongée, diffère notablement des deux précédentes avec lesquelles elle n'aurait pas dû être confondue par un si grand nombre d'horticulteurs. C'est d'ailleurs avec ces deux espèces que le *Phyllobius argentatus* se rencontre souvent sur le même arbre, et je ne connais de son histoire, aucune particularité remarquable, ni qui ait été observée.

24. PHYLLOBIUS OBLONGUS (Linné).

Schœnherr ; *Synonym. Curculionid,* tome II, page 448.

Synonymie : *Curculio oblongus* (L.) ; — *Curculio floricola* (Herbst.) ; — *Curculio pruni* (Scopoli) ; — *Curculio querneus* (Fourcr.) ; — *Curculio fuscus* (Laich.) ; — *Curculio rufescens* (Marsh.) ; — *Curculio varians* (Besser) ; — *Braun grünrussler* des allemands.

Insecte très-variable pour la taille et la couleur ; allongé, noir, brun ou ferrugineux ; couvert d'une pubescence grise plus ou moins serrée ; antennes et pattes rousses ; élytres de couleur peu constante : quelquefois elles sont unicolores, d'autres fois elles sont faiblement bordées d'une couleur plus foncée ; chez quelques individus , enfin , cette bordure est beaucoup plus large.

Cet insecte est excessivement commun sur une grande quantité d'arbres d'essences très-variées. Dans les vergers, vers la fin de mai et le commencement de juin, il y est quelquefois si abondant, que les feuilles des Pommiers , des Poiriers , des Cerisiers surtout, en sont à moitié dévorées. En 1857 , les Phyllobies étaient si multipliés qu'on les rencontrait sur toutes sortes de plantes , et que les jeunes cerisés elles-mêmes, en étaient attaquées. Quand les Phyllobies font leur apparition de bonne heure, ils commencent à manger les jeunes bourgeons, surtout ceux des jeunes greffes qui sont plus tendres, et qu'ils paraissent affectionner d'une manière toute particulière; quand la végétation est languissante, ils font un mal considérable , parce qu'alors ils attaquent jusqu'au cœur des bourgeons, au point que le plus grand nombre ne peut plus se développer.

Schmithberger dit, qu'en 1831, 1834 et 1835 , il a eu de la peine à sauver les jeunes Poiriers de ses pépinières.

Il est vraiment extraordinaire que la manière de pondre, et , en général, toutes les phases de la vie d'un insecte aussi commun, soient encore presque complètement ignorées. Malgré le grand nombre d'individus accouplés que j'ai conservés en captivité , cette année, je n'ai pu découvrir des œufs de la femelle sur les feuilles que je leur donnais à manger. Schmithberger dit que cette femelle pond dans la terre et que la larve vit aux dépens des racines des gramimées (1).

(1) En 1857, année où les *Ph. oblongus* étaient excessivement communs , j'en ai trouvé un grand nombre sur des chaumes et des épis de seigle , mais je dois ajouter que les champs plantés de cette céréale étaient environnés de nombreux arbres fruitiers , qu'il avait fait beaucoup de vent les jours précédents, et que sur une foule d'autres plantes on trouvait les traces du passage de nombreux Phyllobius.

D'après **M.** Nœrdlinger (*Entom. zeit.*; Stettin, 1848, page 232), la larve du *Ph. oblongus* réunit en paquet les feuilles du *Populus canadensis,* pour y faire sa ponte à la manière du *Rhynchites betuleti.* En 1855, l'auteur dit qu'il croit avoir commis une erreur, et que les *Ph. oblongus* qu'il a rencontrés dans des rouleaux formés par le *Rhynchites populi*, ne se trouvaient là que parce que les jeunes feuilles à demi-fanées, qui le composaient, étaient plus tendres et plus convenables pour sa nourriture.

Je sais par expérience que le *Ph. oblongus* est peu difficile pour le choix de ses aliments, et qu'il se fourre partout, pour se les procurer, quand ils lui manquent, que la nécessité l'y oblige, ou qu'il croit en trouver de meilleurs : il n'y a donc rien d'étonnant si **M.** Nœrdlinger l'a rencontré dans un rouleau de Rhynchites. Mais je puis affirmer que ce n'est pas là l'industrie employée par les femelles pour assurer la subsistance de leur progéniture.

Dans les années ordinaires, c'est surtout dans les vergers humides que l'on rencontre le plus communément cet insecte, auquel on fera la guerre avec succès, en secouant les arbres dès le matin (car l'insecte vole très-bien) au-dessus de toiles tendues sur le sol. Dans les pépinières, on a conseillé, à tort, selon moi, l'usage d'un cornet de papier pour en recouvrir les greffes que l'on veut préserver : outre que ce cornet ne préserve que le haut de la greffe, et qu'il laisse une issue par le bas, par où l'insecte peut fort bien s'introduire, il a encore l'inconvénient de soustraire cette greffe à l'action des rayons lumineux, et, par conséquent, de nuire à son développement.

25. PHYLLOBIUS VESPERTINUS (Fabre.).

Schœnherr; *Synonym. Curcul.;* tome II, page 453.

Synonymie : *Curculio vespertinus* (Fabr.) ; — *Curculio mali* (Gyll.) ; — *Curculio fulvipes* (Fabr.) ; — *Curculio padi* (Oliv.) ; — *Curculio rufipes* (Bond.) ; — *Curculio érythropus* (Lin.) ; — *Polydrosus mali* (Dij.) ; — *Curculio æruginosus* (Ziegl.) ; — *Curculio var.* (Panz.).

Longueur 5 à 6 millimètres ; oblong , noir , couvert d'é-
cailles grises, brunes ou d'un cuivreux doré; antennes et pattes
d'un jaune testacé , ou d'un brun plus ou moins foncé ; cuisses
marquées d'une tache noire plus ou moins grande , nulle dans
quelques individus ; corselet beaucoup plus étroit que les élytres ; écusson grand chez la plupart.

Le *Phyllobius vespertinus* se trouve dans les mêmes circonstances
que les *Ph. argentatus* et *pyri*. On ne connaît rien sur leur manière de vivre.

26. PHYLLOBIUS UNIFORMIS (Marsham).

Schœnherr ; *Synonym. Curcul.* ; tome II , page 458.

Synonymie : *Curculio uniformis* (Marsh.) ; — *Curculio par-
vulus* (Gyll.) ; — *Curculio fulvipes* (Payk.) ; — *Curculio
argentatus* (Bonsd.) ; — *Curculio viridi œreis* (Laich.);
— *Curculio forticornis* (Koch); — *Curculio fulvipes var. B.*
(Payk.).

Court, noir et couvert d'écailles d'un vert pâle , d'un vert
bleuâtre, d'un bleu plombé ou d'un cendré jaunâtre opaque;
antennes brunes , un peu épaisses ; jambes et tarses d'un testacé clair , ou ferrugineux plus ou moins obscur ; cuisses
couvertes d'écailles verdâtres.

Cette espèce est beaucoup plus rare que les précédentes. En 1855,
j'en ai cependant trouvé une quarantaine sur un petit Poirier élevé
en cordon ; à la fin du mois de juin, il y avait encore beaucoup
d'individus accouplés. C'est là tout ce que je sais de particulier
sur les habitudes de cet insecte.

XVI. PERITELUS , Germar (1).

Schœnherr ; *Synonym. Curcul.* ; tome II , page 511.

Antennes assez longues ; scape courbé et plus long que la

(1) Synonymie : OMIAS (Dej.) ; — PACHYGASTER (Sturm.); — CENTRICNEMUS
(Stév.); — CURCULIO (Oliv.).

6

tête ; massue presque ovale et acuminée ; rostre aussi long mais plus étroit que la tête ; corselet court et rétréci en avant ; écusson caché ; élytres ovales, élargies aux épaules ; corps privé d'ailes.

Insectes de petite taille, couverts d'écailles grisâtres, propres à l'Europe centrale, où ils vivent sur les arbres, dont ils mangent les bourgeons et les feuilles, comme les Phyllobies. Les larves de Peritelus sont complètement inconnues, et l'on ne connaît pas grand chose sur les mœurs des insectes eux-mêmes.

27. PERITELUS GRISEUS (Olivier).

Schœnherr. ; *Synonym. Curcul.* ; tome II, page 512.

Synonymie : *Curculio griseus* (Oliv.) ; — *Peritelus sphæroïdes* (Germ.) ; — *Pachygaster griseus* (Dej.) ; — *Curculio inquinatus* (Yllig.).

Ovale, oblong ; couvert d'écailles soyeuses, courtes, très-serrées, et d'un gris cendré ou jaunâtre en dessous ; antennes et pattes couleur de poix, pubescentes ; une petite ligne longitudinale enfoncée sur la tête ; élytres très-finement striées, ponctuées.

Insecte de la taille du *Ph. oblongus* ; très-commun sur les arbres fruitiers et particulièrement sur les Poiriers et les Pommiers. C'est au mois de juin qu'il apparaît en plus grand nombre et quelquefois en quantité considérable. C'est surtout aux jeunes pousses et aux greffes qu'il cause le plus de dommages.

Il paraît que ces insectes ont des habitudes analogues à celles des Phyllobies, mais leur histoire est encore à faire. Pour les détruire, on doit employer les mêmes procédés que ceux que nous avons indiqués plus haut, et comme ils sont aptères, on pourra secouer les arbres à tous les instants de la journée, sans craindre de les voir s'échapper. Quelques indications que je possède sur ces insectes, me portent à croire qu'ils sont nocturnes. Pendant le jour, on les trouve souvent immobiles dans l'aisselle des feuilles ou des rameaux ; ils sont cependant très-voraces et c'est le plus ordinairement le matin que les jardiniers s'aperçoivent de leurs dégâts.

XVII. OTIORHYNCHUS, Germar (1).

Schœnherr ; *Synonym. Curcul.* ; tome II, page 551.

Antennes assez longues ; scape plus ou moins renflé à l'extrémité, dépassant les yeux ; massue oblongue ; trompe plus longue que la tête, et renflée à l'extrémité ; fossettes antennaires courtes et larges ; yeux arrondis ; écusson petit ; élytres plus larges que le corselet, convexes ; corps dur et aptère.

Les Otiorhynches, remarquables par la forme globuleuse de leur abdomen, sont ordinairement de couleur brune, noire ou obscure ; leur corps est souvent recouvert d'une pubescence grise ou jaunâtre ; deux ou trois espèces seulement ont des tâches métalliques ; la taille du plus grand nombre est de 10 à 15 millimètres. Leur étude est très-difficile : j'en possédais plus de 200 espèces dans ma collection, et le nombre de celles que l'on connaît dépasse le double.

Propres aux contrées montagneuses de l'Europe ; l'Asie, l'Afrique et l'Amérique n'en possèdent que quelques espèces. Certains Otiorhynches (ceux dont il nous importe le plus de connaître les mœurs) sont nocturnes : pendant le jour, on les trouve immobiles sous les feuilles des plantes, sous les pierres, dans les crévasses de l'écorce, et, pendant la nuit, ils quittent leur retraite pour aller manger les feuilles ou les bourgeons de certaines plantes.

On ne connaît d'ailleurs presque rien de l'histoire de ces insectes. Les larves de deux espèces seulement sont connues, celle de l'*Ot. sulcatus* (Sch.), décrite par Bouché en 1834 et celle de l'*Ot. ater* (Herbst), décrite par Ratzburg en 1857. D'après ces auteurs, ces larves ont des pattes rudimentaires, circonstance assez

(1) Synonymie : BRACHYRHINUS (Latr.) ; — LOBORHYNCHUS (Mégerle) ; — PACHYGASTER (Stéven) ; — SIMO (Mégerle) ; — CURCULIO (Lin.) ; — PANAPHILIS (Mégerle).

rare dans la famille des Curculionites; elles sont rhizophages, accomplissent toutes leurs métamorphoses dans l'intérieur de la terre.

Une chose remarquable qui confirme ce qui précède, et que je ne vois consignée nulle part, c'est que l'on trouve la même espèce d'Otiorhynches, indifféremment sur diverses espèces de plantes, ce qui a ordinairement lieu quand les larves de ces insectes se nourrissent de racines.

28. OTIORHYNCHUS PICIPES (Fabricius).

Schœnherr; *Synonym. Curcul.*; tome II, Page 613.

Synonymie: *Curculio picipes* (Fabr.); — *Curculio notatus* (Bonsd.); — *Curculio asper* (Marsh.); — *Curculio granulatus* (Herbst.); — *Curculio singularis* (Schranck); — *Curculio squamiger* (Marsh.); — *Der diekleib rüssler* des allemands.

Long de 7 à 8 millimètres; ovale, oblong; de couleur de poix, avec le corps couvert d'écailles grises très-serrées; corselet granuleux; élytres sillonnées, avec de très-gros points enfoncés dans les intervalles; pattes glabres, de la couleur du corps, cuisses faiblement dentées.

Insecte très-commun, aux mois de juin et de juillet, dans les vergers. En général, il est très-abondant dans les lieux humides et couverts. C'est ce qui explique pourquoi on le trouve proportionnellement moins souvent dans les côtes de la rive gauche de la Moselle, que dans les jardins de St.-Julien, de Vallières et de Grimont, où il en existait une grande quantité en 1849.

Je l'ai trouvé souvent sur le Poirier, mais tout aussi souvent on le rencontre sur les autres arbres du voisinage; il ne semble donc pas avoir une préférence spéciale pour l'un de nos arbres fruitiers. Selon Kirby et Spence, il mange les jeunes bourgeons et plus particulièrement ceux des greffes. S'il en était ainsi, il auraît des habitudes analogues à celles que nous avons indiquées plus haut pour le *Peritelus griseus*, et l'on pourrait lui appliquer les procédés de destruction qui ont été signalés en parlant de cet insecte.

29. OTIORHYCHUS RAUCUS (Fabricius).

Schœnherr; *Synonym. Curcul.* ; tome II, page 614.

Synonymie : *Curculio raucus* (Fabr.) ; — *Curculio tristis* (Bonsd.) ; — *Curculio arenarius* (Herbst.) ; — *Var : B. Curculio tristis* (Fabr.) ; — *Var P. Curculio fulvus* (Fabr.) ; — *Otiorhynchus luctuosus* (Latr.).

Espèce voisine de la précédente, noire ; antennes et pattes couleur de poix ; élytres profondément striées et ponctuées, carénées postérieurement ; couverte d'une pubescence courte, grise et variée.

Cette espèce est également assez commune, mais je ne crois pas que, comme la précédente, elle affectionne plus particulièrement les vergers et les jardins humides. Elle me paraît répandue assez uniformément partout. Quant au reste de son histoire, il n'est pas mieux connu que celle de l'espèce précédente, et tous les entomologistes gardent le silence à ce sujet.

XVIII. MAGDALIS , Germar (1).

Schœnherr ; *Synonym. Curcul.* ; tome III, page 263.

Corps allongé ; antennes courtes, presque droites ; scape court ; massue allongée, acuminée ; rostre plus ou moins long, mince et arqué ; yeux grands et rapprochés ; corselet plus ou moins rétréci en avant ; écusson triangulaire ; élytres allongées presque cylindriques ; pattes courtes.

(1) Synonymie : THAMNOPHILUS (Schœnh) ; — RHINODES (Dej. cat.) ; — MAGDALINUS (Germar) ; — PAMES (Stephens) ; — RHYNCHŒNUS (Fabr) ; — RHINA (Olivier) ; — CURCULIO (Lin) ; — EDO (Germar).

Insectes petits et ailés, de couleur noire ou rouge, vivant du parenchyme des feuilles qu'ils raclent avec leur rostre. On connait plus de 30 espèces de Magdalis, de toutes les contrées du globe. Les espèces européennes sont assez voisines l'une de l'autre, et leur étude est des plus difficile : on a confondu entre elles plusieurs espèces, ce qui n'a pas peu contribué à embrouiller l'histoire, assez obscure déjà, des insectes de ce genre.

Les larves sont, en général, aussi mal connues que les insectes parfaits (1). On sait cependant que plusieurs vivent sous les écorces des arbres fruitiers où elles se creusent des galeries tortueuses, d'autant plus profondes, que le froid est plus intense pendant l'hiver ; quelquefois même elles pénètrent jusqu'à la moelle des jeunes branches et causent ainsi un très-grand dommage aux arbres fruitiers sur lesquels elles se trouvent. J'ai ouvert un nombre considérable de jeunes branches mortes, provenant des arbres fruitiers des côtes de Woippy, de Lorry, de Smécourt, etc., et je n'y ai rencontré aucune larve de *Magdalis*, bien que, cependant, quelques individus du *Magdalis pruni* aient été trouvés sur les écorces de ces arbres malades.

L'accouplement se fait en mai ; quelques jours après, les femelles déposent leurs œufs dans les crevasses de l'écorce, selon quelques auteurs, et dans des trous qu'elles y pratiquent avec leur trompe, selon d'autres.

30. MAGDALIS CERASI (Germar).

Schœnh. ; *Synonym. Curcul.* ; tome III, page 267.

Synonymie : *Curculio cerasi* (Lin.) ; — *Rynchœnus cerasi* (Gyll.) ; — *Thamnophilus cerasi* (Gyll.) ; — *Rhinodes cerasi* (Steph.) ; — *Rhynchœnus armeniacæ* (Fabr.) ; — *Curculio cerasi* (Fabr.) ; — *Magdalis nassata* (Germ.) ; —

(1) M. Perris a donné dernièrement une histoire complète du *Magdali carbonarius* qui vit à l'état de larve dans l'intérieur du canal médullaire des branches des Pins. (An. de la Soc. ent. de Fr. ; 1856, page 253).

Curculio carbonarius (Panzer) ; — *Curculio striatulus* (Lin.).

Petit, noir et opaque ; corselet court, très-ponctué ; élytres granulées avec les intervalles ponctuées ; rostre court, cylindrique ; cuisses dentées, massue des antennes noires (1).

Cet insecte vit ordinairement sur les Cerisiers ; je l'ai aussi trouvé fréquemment sur des Poiriers hauts-vents, mais toujours isolément et en petit nombre. Les entomologistes allemands rapportent qu'en 1750, il a ravagé tous les vergers de la Suède et particulièrement les Pommiers de ce pays.

Herbst dit que la larve de cet insecte est mineuse et qu'elle habite de préférence les feuilles des Cerisiers et celles des Poiriers. Malgré toute la confiance que doit inspirer le nom de ce célèbre entomologiste, je crois, qu'en cette circonstance, il a commis une erreur ; car ce que l'on connaît des habitudes des larves des *Magdalis violaceus, pruni* et *carbonarius* ne permet guère d'admettre une aussi grande dissemblance dans la structure nécessairement différente des organes buccaux, une manière de pondre également fort distincte, etc.

31. MAGDALIS PRUNI (Fabricius).

Schœnherr ; *Synonym. Curcul.* ; tome III, page 274.

Synonymie : *Rhynchœnus pruni* (Fabr.) ; — *Thamnophilus pruni* (Sch.) ; — *Curculio pruni* (Lin.) ; — *Rhinodes cerasi* (Steph.) ; — *Edo prnni* (Germar) ; — *Rhina pruni* (Oliv.) ; — *Curculio cerasi* (Lin.) ; — *Curculio erythroceros*

(1) M. Nœrdlinger dit que les antennes de cet insecte sont noires et velues ; il y a là, sans doute, erreur ou confusion. Le *M. Cerasi* n'a pas les antennes velues, mais ce sont celles du *Magdalis barbicornis* qui présentent ce caractère. Celui-ci cependant ne se trouve pas sur les Poiriers, et je ne l'ai jamais rencontré qu'en battant les haies.

(Herbst.) ; — *Curculio incognitus* (Herbst.) ; — *Curculio ruficornis* (Schranck); — *Magdalinus barbicornis* (Mégerle); — *Der Pflaumen russel Kæfer* des allemands.

Noir, un peu terne, de 5 millimètres environ de longueur; antennes droites, plus courtes que le rostre, ferrugineuses; corselet bituberculé; élytres allongées, striées et crénelées.

Insecte assez commun vers la fin du mois de mai et le commencement de juin. On le trouve ordinairement d'une manière isolée, plus souvent sur les Pruniers et les Pommiers que sur les Poiriers. Selon M. Perris (in Litt.), les larves de ce Magdalis doivent vivre dans les jeunes branches seulement; c'est sur ce renseignement fourni par mon savant collègue que j'ai eu l'idée de rechercher les traces de cet insecte dans les rameaux malades ou morts des arbres fruitiers de la rive gauche de la Moselle.

Selon M. Nœrdlinger, la larve des *Magdalis pruni* vit sous l'écorce, où elle creuse des galeries, dont la trace peut être suivie à l'extérieur de l'arbre, par la couleur plus foncée que prend l'épiderme dans ces parties. Pour sortir, après que toutes ses transformations sont opérées, l'insecte creuse un trou dont la forme se rapproche de celle que nous avons indiquée en parlant des Buprestes du genre Agriles.

On a confondu la larve de l'*Allanthus œthiops* avec celle du *Magd. pruni*, non parce qu'elles ont la moindre analogie, mais parce que cette fausse Chenille racle l'épiderme des feuilles du Poirier comme le fait l'insecte avec sa trompe.

Pendant le jour, il se tient ordinairement sous les feuilles; alors, c'est leur surface inférieure qui est labourée par le rostre de ce Rhynchène; pendant la nuit, au contraire, c'est de la face supérieure que l'insecte enlève sa nourriture. Dans les mauvais temps et aux premiers froids, il se retire dans les crevasses, sous les mousses et les lichens des arbres mal soignés. C'est dans ces retraites qu'on peut souvent en détruire un grand nombre, en employant un badigeonnage à la chaux, au goudron du gaz, etc. Si l'on veut secouer les arbres pour en faire tomber les individus placés sur les feuilles, il faut avoir soin de ne faire cette opération que le matin, car, pendant le jour, l'insecte vole très-bien et s'échappe facilement.

XIX. ANTHONOMUS, Germar (1).

Schœnherr; *Synonym. Curculionid.;* tome III, page **3**.

Antennes longues et grêles; funicule de **7** articles, dont les 5 derniers sont courts et lenticulaires; massue ovale, allongée; trompe longue, filiforme et arquée; corselet très-étroit en avant, presque conique; écusson allongé; élytres convexes; pattes antérieures plus longues que les autres; cuisses épineuses et dentées; corps pubescent et ailé.

On connaît les mœurs de 5 ou 6 espèces d'Anthonomus : tous vivent à l'état de larve dans l'intérieur des boutons à feuilles ou à fruits de diverses espèces d'arbres de nos jardins (Poiriers, Pommiers, etc.) ou de nos forêts (Mérisiers, Ormes). Comme dans le genre Rhynchites, ce sont les femelles qui, pour assurer la nourriture et un abri convenables à leur progéniture, causent la perte d'un grand nombre de boutons, en les perforant avec leurs trompes. Cependant, les dégâts occasionnés par ces insectes, quoique considérables dans certaines années, sont loin d'atteindre la proportion de ceux que l'on attribue aux *Rh. conicus*, *Betulœ*, etc.

A ces nombreuses analogies entre les habitudes de ces insectes et celles des *Anthonomus*, je dois encore ajouter que ceux-ci vivent souvent sur plusieurs sortes d'arbres sans avoir l'air d'en préférer aucun.

32. ANTHONOMUS POMORUM (Linné).

Schœnherr; *Synonym. Curcul.;* tome III, page 340.

Synonymie : *Rynchœnus pomorum* (Fabr.) — *Curculio pomorum* (Linné); — *Anthonomus clavatus* (Ziegl.); — *Anthonomus incurvus?* (Stephens); — *Coupe-bourgeon;*

(1) Synonymie : CURCULIO (Linné); — RHYNCHŒNUS (Fabr.).

— *Brûleur* ; — *Apfelbluthenlescher* , — *Rothenwerden* des Allemands.

Long de 5 à 6 millimètres ; d'un brun rouge ; écusson blanc ; trompe aussi longue que la tête et le corselet réunis ; corps entièrement couvert d'un duvet très-court, très-fin , visible seulement à la loupe, de couleur beaucoup plus claire dans le tiers postérieur des élytres, et formant une ligne plus obscure tout autour de cette tache.

Cet insecte est très-commun dans toute l'Europe septentrionale et tempérée. C'est particulièrement aux Pommiers et aux Mérisiers qu'il cause le plus de mal ; il ne se répand sur les Poiriers que quand les autres arbres font défaut.

Il passe l'hiver sous les feuilles mortes, sous les pierres, sous la mousse ou dans les crévasses de l'écorce, et même dans les fissures de l'aubier, dans une sorte d'engourdissement dont il sort aux premiers rayons du soleil de mars ou d'avril ; c'est alors qu'il se répand sur les arbres fruitiers hauts-vents, quenouilles ou espaliers, pour y opérer l'accouplement qui ne tarde pas à avoir lieu. L'insecte n'effectue pas cette invasion uniquement, comme le dit Schmidberger, en grimpant le long des troncs et des branches, mais bien aussi, et surtout, selon moi, en faisant usage de ses ailes, qui sont très-développées.

Quand on l'inquiète, il se laisse tomber, applique sa trompe contre sa poitrine, étend et croise ses longues pattes antérieures , et, immobile dans cette position, il contrefait le mort jusqu'à ce qu'il croit le danger passé.

L'accouplement se fait dans les premiers jours du printemps ; et, deux à trois jours plus tard (aussitôt que les boutons commencent à pousser), les femelles procèdent au travail de la ponte. Pour cela, elles commencent par faire choix d'un bouton convenable. Cette opération est souvent fort longue, car il arrive quelquefois qu'elles commencent à perforer 5 à 6 boutons avant d'en trouver un à leur convenance pour y déposer un œuf. On comprend combien ces tâtonnements doivent contribuer à augmenter le mal que causerait seulement la ponte, s'il n'y avait pas plus de boutons attaqués que d'œufs dans l'ovaire ; et, surtout, si une même femelle confiait indifféremment ses œufs aux boutons à fruits et aux boutons à feuilles, circonstance qui n'arrive qu'accidentellement, soit par maladresse de l'insecte, soit par le défaut d'un nombre suffisant de boutons à fleurs. Quand la femelle creuse un bouton, et qu'elle n'y rencontre pas d'étamines, elle l'abandonne alors, et les folioles qui s'épanouissent plus tard, conservent des trous ronds de 1 à 2 millimètres de diamètre, et qui sont les indices du travail d'une femelle d'*Anthonomus*.

Arrivé avec sa trompe aux organes floraux, en traversant le calice et la carolle non encore épanouis, l'insecte dépose un œuf d'environ $\frac{1}{2}$ millimètre de diamètre, de forme ellipsoïde, d'un blanc sale et pointu aux deux extrémités. Avec sa trompe, la femelle pousse l'œuf qu'elle vient de pondre plus loin, au milieu des étamines où on peut le trouver en ouvrant le bouton. Cette première partie du travail dure environ trois quarts d'heure.

Il arrive quelquefois que l'insecte, bien qu'ayant rencontré un bouton à fruit, abandonne son travail, soit parce qu'il trouve le temps long, soit pour d'autres causes assez difficiles à comprendre. Ces nouveaux tâtonnements viennent encore augmenter les causes d'avortement ; quelquefois aussi, il arrive que la trompe va trop loin, et que l'œuf est introduit dans l'ovaire de la fleur; alors celle-ci est perdue: elle tombe ou se dessèche, et l'œuf n'éclôt pas, ou la larve qui en est sortie, meurt et ne donne pas d'insecte. Quelques auteurs prétendent que les boutons perforés et abandonnés par l'insecte, ne sont pas percés par maladresse, mais pour qu'il puisse y prendre sa nourriture.

Comme l'Anthonomus ne dépose qu'un seul œuf dans chaque bouton, on comprend fort bien qu'il ne faille pas un grand nombre de femelles sur le même sujet pour y causer beaucoup de mal. Si le temps est favorable, et que la floraison marche rapidement, l'insecte n'a pas le temps d'y opérer toute sa ponte, et il quitte l'arbre pour chercher un sujet moins précoce, ou une espèce moins hâtive ; car l'œuf, déposé trop tard, ne nuit plus aux organes de la fleur. L'épanouissement de celle-ci a lieu malgré la perforaison, et la jeune larve, mise à découvert, ne tarde pas à périr.

Les Pommiers sont de préférence choisis par l'Anthonomus pour deux raisons faciles à comprendre : la première, c'est que l'épanouissement de la fleur du Poirier se fait plus rapidement que celle des Pommiers, et que la larve n'a pas le temps d'y accomplir toute son évolution ; la seconde, c'est qu'en général le temps de la floraison dure plus longtemps que celle du Poirier, et que la femelle trouve le temps nécessaire pour déposer tous ses œufs. L'équilibre entre les deux arbres ne s'établit que rarement et par suite des intempéries de l'atmosphère, par la nature du terrain, ou la mauvaise constitution de l'arbre.

Si, pendant le travail de la ponte, il pleut ou s'il fait froid, les insectes se retirent dans les abris que leur présentent l'écorce ou les tuteurs, et c'est là qu'on peut leur faire la chasse avec succès, car ils s'y trouvent quelquefois en grand nombre.

Selon Schmidberger, l'éclosion de l'œuf a lieu vers le cinquième ou le sixième jour. M. Nœrdlinger dit qu'elle n'a lieu, au contraire, que vers le huitième jour, et encore faut-il pour cela un temps favorable. Pendant le beau printemps de 1857, l'éclosion a eu lieu du sixième au neuvième jour.

La jeune larve se nourrit des étamines, des pistils, et quelquefois même de l'ovaire. Par suite de la destruction des organes de la reproduction, la fécondation de la plante n'a pas lieu, les fleurs se flétrissent avant l'épanouissement du calice et de la corolle ; les pétales se dessèchent et forment une sorte de voûte de couleur feuille morte, qui protége la larve contre les intempéries, ou contre l'ardeur du soleil. C'est cette coloration particulière, souvent rougeâtre, des boutons avortés qui a fait dire aux jardiniers que les fleurs étaient brûlées par le soleil, la lune rousse, la gelée, la mauvaise sève de l'arbre, etc. Ces boutons roussis trahissent facilement la présence de l'insecte, et on retrouve encore sur leur enveloppe le trou par lequel la femelle a introduit son œuf.

En 3 à 4 semaines, selon l'état de la saison, la larve a acquis tout son accroissement ; elle est alors longue de 6 à 9 millimètres, un peu pointue aux deux extrémités ; la tête est petite avec deux taches brunes ou noires réunies en arc sur le derrière ; les anneaux sont peu apparents, et la peau est si mince que l'on voit, au travers, l'intestin d'un beau rouge, causé par la couleur des anthères qu'elle a dévorées ; tout le corps de la larve est lisse, avec quelques poils derrière la tête, et une sorte de crête mamelonnée le long du dos.

Du 15 au 30 mai, on trouve des nymphes d'un jaune pâle, et sur lesquelles la place des yeux est fort apparente. Après être restés sous cette forme pendant huit à dix jours, les insectes commencent à éclore, mais ne sortent pas immédiatement de l'abri qui les a protégés jusqu'alors : ils semblent attendre pour cela que la corolle, complètement desséchée, commence à se détacher du calice pour leur livrer passage. Quelquefois aussi, ils percent un trou dans la corolle, et sortent par cette ouverture. L'évolution complète dure environ cinq à six semaines, à partir de l'accouplement, et du 15 avril aux premiers jours de juin dans les années ordinaires.

On rencontre les Anthonomus sur plusieurs arbres de nos jardins et de nos forêts ; en juin et en juillet ils sont très-abondants ; mais, à partir de cette époque, leur nombre va en diminuant à mesure que la saison avance ; et, soit par accidents, ou par le fait du ravage de leurs ennemis (oiseaux, insectes carnassiers, etc.), il n'en reste plus, à l'automne, que quelques individus destinés à la propagation de l'espèce au printemps suivant.

En général, on exagère les dommages causés par l'*Anthonomus pomorum ;* dans les années où la floraison est belle : on croit que tout est perdu parce qu'un grand nombre de fleurs se trouvent perforées par ces insectes ; et, cependant, comme en 1857, il en reste encore assez pour donner l'espérance d'une récolte relativement satisfaisante ; on peut même dire que, dans certaines années, cette destruction partielle d'un certain nombre de fleurs est même nécessaire pour empêcher les arbres de succomber sous le poids de leurs fruits. Son influence est toutefois très-remarquable sur les sujets mal taillés, ou pauvres en boutons à fruit. C'est plus

particulièrement encore dans les années où la floraison est maigre
et languissante, dans les vergers humides et froids, dans les terrains stériles que l'on remarque davantage l'étendue des dommages
qu'il exerce, parce qu'alors la floraison marchant avec lenteur,
l'insecte peut détruire un plus grand nombre de boutons. Si le
printemps est beau, la végétation marche plus rapidement, et
beaucoup de boutons s'épanouissent avant que l'insecte ait eu
le temps de les attaquer. Il semble cependant qu'il ait la cons-
cience que beaucoup de fleurs vont lui échapper, car il redouble
d'activité, et n'interrompt son travail que pendant l'ardeur du soleil du milieu du jour.

Une fois la ponte accomplie, tout ralentissement dans la végétation, concordant surtout avec un temps clair et chaud dans la
journée, est favorable au développement de la larve, qui acquiert
alors la force nécessaire pour pouvoir détruire les organes inté-
rieurs de la fleur et en empêcher l'épanouissement. C'est là surtout
l'explication de l'influence que l'on prête à la lune rousse sur la floraison des Poiriers et des Pommiers. Si, en effet, cette lune n'est
pas cachée par les nuages, le rayonnement de la nuit abaisse la
température et arrête la végétation des arbres, tandis que l'insecte
est toujours à l'abri du froid sous les enveloppes de la fleur, et
que, pendant le jour, les rayons du soleil augmentent la chaleur de
sa logette sans dessécher la larve qui s'y trouve.

Souvent les moineaux, les pinsons, etc., brisent le bouton des-
séché et mangent la larve qui l'habite. M. Nœrdlinger dit aussi
que ces larves sont quelquefois attaquées par un petit Ichneumon
parasite. J'ai vu, en effet, rôder sur les boutons avortés d'un
Pommier, un petit insecte que je n'ai pu encore déterminer, mais
qui appartient à cette famille.

Pour mettre plus sûrement les arbres fruitiers à l'abri des atteintes de l'Anthonomus, il faut faire un choix d'espèces poussant
tard, fleurissant rapidement, et ayant les boutons durs et serrés.

Schmidberger conseille d'entourer la base des arbres d'une cein-
ture de goudron, pour empêcher les insectes d'y aller faire leur
ponte. Nous aurons plus tard l'occasion de conseiller aussi l'em-

ploi de ce moyen pour se préserver d'autres petits ennemis ; mais pour l'Anthonomus, ce procédé serait d'une faible ressource, car l'insecte vole parfaitement, et ceux que l'on rencontre grimpant sur les arbres, sont probablement ceux qui ont passé l'hiver dans quelque crevasse ou sous quelque mousse.

En secouant les branches au dessus d'une toile, on en détruira un certain nombre, surtout si cette opération est faite par un temps froid, parce qu'alors l'insecte vole plus difficilement. Cette pratique, pour être fructueuse, demande à être renouvelée souvent : mais, alors, le dommage que l'on veut éviter, est-il en rapport avec le mal que l'on se donne, et n'est-il pas préférable d'employer son temps d'une manière plus productive ?

Frisch dit qu'il faut tailler les arbres, et fumer les sujets faibles et languissants, de manière à pousser la végétation et à favoriser l'épanouissement de la fleur et le développement des bourgeons. Cette méthode conseillée par Frisch, ne saurait produire aucun résultat, attendu que tous les jardiniers soigneux la pratiquent, ce qui n'empêche pas les Anthonomus de se propager chez eux.

Enfin, le badigeonnage à la chaux, qui a été aussi préconisé, ne signifie absolument rien dans ce cas-ci, car ce procédé de destruction n'a rien de commun avec les mœurs de notre insecte.

Le seul moyen vraiment efficace, consiste à écraser, entre les doigts, tous les boutons roussis, de manière à écraser la larve elle-même, ou à la mettre à découvert, ce qui lui est également funeste. Malheureusement, ce procédé ne peut s'appliquer qu'aux petits arbres et ne peut être praticable en grand.

33. ANTHONOMUS ULMI (Gyllenhal).

Schœnherr; *Synonym. Curcul.* ; tome III, page 338.

Synonymie : *Anthonomus ulmi* (Stephens) ; — *Rhychœnus ulmi* (Gyll.) ; — *Curculio ulmi* (Degéer) ; — *Anthonomus pedicularius* (Germar) ; — *Rhynchœnus avarus* (Fabr.) ; — *Curculio avarus* (Fabr.) ; — *Anthonomus avarus* (Sturn.) ;

— *Anthonomus clavatus* (Dej., Catal.); — *Curculio bavarus* (Schranck); — *Curculio tricolor* (Oliv.); — *Anthonomus pyri* (Kollar).

Var. B.: *Anthonomus fasciatus* (Stephens); — *Curculio fasciatus* (Marsham).

Var. P.: *Anthonomus pomonæ* (Germar); — *Rhynchœnus avarus* (Olivier); — *Curculio pedicularius* (Linné); — *Anthonomus pedicularius* (Stephens).

Plus petit, et d'un rouge plus vif que l'*Anthonomus pomorum* (L.). dont il est du reste très-voisin; tête et poitrine d'un brun couleur de poix; trompe mince, allongée et arquée; une ligne légère et médiane sur le corselet; écusson et une bande transversale postérieure oblique, de couleur blanchâtre, sur chaque élytre.

Comme l'espèce précédente, elle se rencontre sur un grand nombre d'arbres de nos jardins et de nos forêts. Il parait que Kollar avait eu occasion de l'observer sur le Poirier, car, la croyant nouvelle, il l'a décrite sous le nom d'*Anthonomus pyri* (1). Selon lui, la femelle de l'*Anthonomus ulmi* pond ses œufs dans les boutons; mais contrairement à ce que nous avons vu pour l'*Anthonomus pomorum*, qui ne confie jamais ses œufs qu'aux boutons à fruits, cet insecte pondrait indifféremment sur les bourgeons de toute nature. On ne sait s'il en est véritablement ainsi, car, jusqu'à présent, on ne parait pas avoir vérifié l'assertion de Kollar, et dans notre localité, bien qu'on rencontre assez souvent cette espèce, je ne l'ai jamais trouvée sur les Poiriers ni sur les Pommiers.

34. ANTHONOMUS PYRI (Chevrolat).

Revue zoologique de M. Guérin; année 1844. page 145.

Synonymie: *Anthonomus ulmi*, Var. B. (Schœnherr); — *Rhynchœnus ulmi* (Gyllenhal).

(1) Schœdlichen der Insecten, etc.; Vienne, 1837.

Corps noir ou d'un brun foncé ; tête convexe, avec une ligne longitudinale blanche ; trompe arquée chez les mâles, droite chez les femelles ; base des antennes de couleur plus claire que le funicule ; corselet arrondi, un peu rétréci en avant, rouge, rugueux, avec une ligne longitudinale blanche au milieu ; écusson blanc ; élytres d'un rouge obscur, avec une bande transversale blanche, élargie en dehors et interrompue à la suture ; pattes de couleur ferrugineuse, annelées de noir.

M. Chevrolat ajoute encore à cette description : « l'*Anthonomus ulmi* de Sch. est plus petit, plus étroit ; il a la trompe rouge, mais moins sillonnée, son corselet est tellement velu, que l'on ne peut apercevoir qu'avec peine sa ponctuation ; les élytres sont moins renflées postérieurement, et la bande transversale est moins étendue » .... « Cette espèce, confondue, par Gyllenhal et Schranck, avec l'*Anthonomus ulmi* (Sch.), comme n'en formant qu'une variété, vit *exclusivement* sur le Poirier ; notre beau-frère Cosnard, l'a prise en septembre sous les écorces de cet arbre. »

En 1856, M. Chevrolat m'écrivait que depuis 1844, il n'avait jamais rencontré l'*Anthonomus pyri* ailleurs que sous les écorces ou sous les lichens des Poiriers. La larve, ses mœurs, ainsi que celles de l'insecte lui-même, sont d'ailleurs complètement inconnues ; et, bien qu'aux mois d'avril 1856 et 1857, j'aie rencontré quelques rares individus de cette espèce (également sur le Poirier), je n'ai encore pu trouver une femelle occupée à faire sa ponte.

L'analogie spécifique, qui existe entre ces trois espèces d'*Anthonomus* (*Pomorum, Ulmi, Pyri*), a sans doute fait confondre leurs habitudes par des observateurs moins scrupuleux que les Entomologistes sur la valeur et la nature des caractères distinctifs, comme le sont en général les horticulteurs. Il est possible aussi que ces insectes aient des mœurs semblables entre elles, mais qu'ils affectionnent chacun une espèce d'arbre particulier, ou bien qu'ayant des mœurs dissemblables, ils puissent vivre à la fois sur le même arbre : ce qui, dans l'un ou l'autre cas, aura amené la confusion des espèces et celle de leurs habitudes.

7

XX. MECINUS, Germar (1).

Schœnherr; *Syn. Curcul.;* tome IV, page 776.

Antennes courtes et minces ; massue composée de 4 articles très-rapprochés ; rostre long, tenu et arqué; yeux latéraux ; corselet carré ; élytres très-allongées ; anus en partie découvert; pattes courtes, toutes les jambes apicalement éperonnées.

Insecte de petite taille, ayant le corps allongé, étroit, un peu pubescent et ailé. Ce genre est peu nombreux en espèces : toutes sont propres à l'Europe et à l'Algérie. On ne connaît encore la larve que d'une seule espèce (*M. Collaris*, Germ.); elle vit dans les hampes du *Plantago maritima*. Les autres espèces connues se trouvent sous les écorces de différents arbres, mais on ne sait rien de plus de l'histoire de leur métamorphose.

35. MECINUS PYRASTER (Herbst.).

Schœnherr; *Syn. Curcul.;* tome IV, page 777.

Synonymie : *Curculio pyraster* (Herbst.) — *Rhynchœnus semi-cylindricus* (Gyll.); — *Curculio pyrastri* (Steph.); — *Macipus pyraster* (Stéven.) ; — *Curculio cerasi* (Payk); — Var. B. *Curculio hæmorrhoïdalis* (Herbst.); — *Neptaphilus pyraster* (Mégerle); — *Curculio denigratus* (L.).

Noir, allongé, plus court chez le mâle ; couvert d'un duvet cendré; trompe très-allongée, fortement arquée; corselet ponctué ; élytres striées et ponctuées ; cuisses armées d'une petite dent.

Cet insecte a un faciès tout particulier, qui rappelle celui de la Calandre du blé (*Sitophilus granarius*), trop bien connue de tout le monde.

(1) Synonymie : RHYNCHŒNUS (Gyll.); — NEPTAPHILUS (Mégerle); — MACIPUS (Stéven) ; — CURCULIO (Herbst.).

On rencontre les *Mecinus* sous les écorces d'un grand nombre d'arbres. Macquart indique cette espèce comme habitant plus particulièrement le Poirier. M. Perris dit que positivement la larve de cet insecte vit dans le bois du Poirier. J'ai, en effet, trouvé le *Mecinus pyraster*, plusieurs fois sur les Poiriers malades, dont il a été déjà souvent question dans ce mémoire; mais je n'ai encore pu en découvrir la larve, ni observer les habitudes de l'insecte parfait.

XXI. SCOLYTUS, Geoffroy (1).

Blanchard; *Hist. naturelle des Insectes*, tome II, page 129.

Antennes de 11 articles, les 3 derniers en massue ovoïde et articulée, les 6 précédents en cône allongé; jambes terminées par un onglet; avant dernier article des tarses bilobé; tête arrondie, enfoncée dans le corselet.

Les Scolytes sont malheureusement trop connus, et pour faire leur histoire complète, il faudrait sortir du cadre que comporte ce travail. Le nombre des espèces de ce genre n'est pas considérable, mais celui des individus est quelquefois tel, que c'est par milliers qu'il faut compter les arbres qu'ils font périr chaque année. L'Europe et l'Amérique du nord paraissent jusqu'ici être leur patrie exclusive; mais il est probable que des observations mieux faites, en feront trouver dans d'autres contrées.

En général, c'est dans le bois que vivent ces insectes à leurs divers états; et c'est en creusant des galeries dans la substance des arbres, qu'ils font un tort considérable à ceux-ci, en donnant des issues par lesquelles la sève s'extravase. Bien que plusieurs espèces aient une prédilection particulière pour tel ou tel arbre, elles peuvent en général s'accommoder de l'essence de plusieurs, et il n'est pas rare de rencontrer le *Scolytus destructor*, par exemple, sur l'Orme, le Chêne, le Hêtre, le Tilleul; le *Sc. pruni*, sur un grand nombre d'arbres fruitiers, etc. Sur le même arbre, cer-

---

(1) Synoymie : ECCOPTOGASTER (Herbst.); — COPTOGASTER (Duftschm); — HYLESINUS (Dufstchm).

taines espèces vivent également dans toutes ses parties, tandis que d'autres n'habitent exclusivement que les branches ou le tronc. Jamais les Scolytes n'attaquent des arbres résineux. La forme des galeries, très-variable, selon les espèces, est, en général, assez constante pour chacune d'elles, et permet très-souvent de reconnaître l'espèce qui les habite. C'est ordinairement dans les couches du liber et dans celles de l'aubier que se logent les Scolytes; cependant, on en rencontre aussi dans l'écorce. Dans les hivers rigoureux, ceux qui se trouvent sur les branches ou sur les jeunes sujets, creusent plus profondément leur galerie.

C'est plus particulièrement à propos des ravages causés par les Scolytes, que s'est engagée la fameuse et interminable discussion sur la question de savoir si ce sont les insectes qui rendent les arbres malades, ou s'ils ne font qu'envahir ceux qui sont déjà souffrants. Selon M. Guérin, et cet auteur cite des faits nombreux à l'appui de ses assertions, jamais les Scolytes n'attaquent les arbres sains. Ratzeburg et ses partisans citent également des faits à l'appui de l'opinion contraire. Sans entrer dans le fond de cette discussion, je dois dire que jusqu'ici je n'ai pas encore rencontré un seul Scolyte sur des Poiriers en bon état, tandis que j'ai trouvé souvent le *Scolytus pruni* sur des Poiriers vieux, crévassés, couverts de chancres, ou atteints de la brûlure organique dont nous avons parlé plus haut. En 1856, il était même assez abondant sur quelques-uns des arbres les plus malades; et il est à craindre que, vu les conditions favorables à son développement, qu'il doit rencontrer dans les arbres des vergers de la rive gauche de la Moselle, il n'y acquière en quelques années, des proportions considérables, et qu'il ne contribue ainsi à hâter la perte de ces productifs côteaux.

L'accouplement des Scolytes se fait dans l'intérieur des galeries ou en dehors de celles-ci, selon les espèces. La femelle pond ses œufs et les dépose un à un, et isolément, dans de petites cavités où elle les recouvre souvent de débris de bois pour les soustraire à la voracité des larves des *Sylvanus*, des *Ditoma*, etc., que l'on rencontre fréquemment après elles.

Les larves éclosent de ces œufs, au bout d'un temps plus ou moins long, selon les espèces, la température, etc. : elles sont apodes, et ressemblent assez à celles des Curculionites, dont elles diffèrent, cependant, par la forme plus allongée de leur tête, et par le développement de leurs mandibules, ce qui est parfaitement en harmonie avec leur genre de vie. A peine écloses, les jeunes larves commencent à se creuser des galeries, au bout desquelles elles se transforment en nymphes, et d'où l'insecte parfait s'échappe en perforant le bois jusqu'à l'extérieur. Ces galeries secondaires sont diversement inclinées par rapport à la direction de la galerie principale ; mais ce qu'il y a de remarquable, c'est que toutes aboutissent à une partie voisine de l'écorce, de manière à rendre plus facile la sortie de l'insecte, et que jamais elles ne se touchent, quel que soit leur rapprochement initial. Ces galeries sont faciles à distinguer de celles que creusent les femelles pour y déposer leurs œufs, car celles-ci ont un diamètre constant, tandis que dans les autres, le diamètre va en augmentant à mesure que la larve grandit, et, par conséquent, que son travail est plus avancé.

La durée de la vie des Scolytes, à l'état de larve, varie, selon les espèces, de quelques mois seulement chez quelques-unes, de plus d'une année chez d'autres. On a confondu plusieurs espèces entre elles, et c'est ce qui explique la confusion et les contradictions nombreuses que l'on rencontre dans les auteurs, relativement à cette durée ; probablement, aussi, que la nature et la température du milieu où elles vivent, doivent avoir une certaine influence sur la rapidité plus ou moins grande avec laquelle elles peuvent accomplir leur accroissement.

La fécondité vraiment prodigieuse des femelles de Scolytes, ne tarderait pas à multiplier ces insectes à tel point, que les arbres en seraient infestés, si la nature n'avait, avec une sagesse infinie, créé une foule de larves carnassières, qui, vivant dans les galeries, font souvent un véritable carnage de ces larves de Xylophages ; plusieurs Ichneumonides sont également dans ce cas, et il arrive quelquefois que toute la ponte d'une femelle de Scolyte ne produit aucun de ces insectes.

Comment atteindre et détruire ces petits animaux quand ils sont logés dans l'intérieur d'un arbre, et qu'ils y pratiquent leur funeste industrie ? Bien des moyens ont été proposés et vantés comme infaillibles pour leur destruction; mais il n'y a réellement que l'abattage de tous les arbres fortement attaqués, et leur *enlèvement immédiat*, qui puissent amener des résultats satisfaisants. Quant au Poirier, si, comme j'ai eu occasion de le vérifier jusqu'ici, ces insectes n'attaquent que les arbres malades, le remède est tout simple : il suffit de faire enlever les sujets qui sont le plus gravement compromis, recéper ceux qui le sont moins, et entretenir convenablement ceux qui sont dans de mauvaises conditions.

36. SCOLYTUS DESTRUCTOR (Linné).

Ratzeburg; *Die forst. Insect.*; tome I, page 186.

Synonymie : *Hylesinus Scolytus* (Fabr.) ; — *Eccoptogaster destructor* (Herbst); — *Scolyte destructeur;* — *Stutzlorken Kœfer* des allemands.

Long de 4 à 7 millimètres ; corps d'un noir brillant, ponctué ; antennes, élytres et pattes d'un brun marron plus ou moins foncé; tête et une partie du dessous du corps couvertes de poils raides, courts, d'un blanc jaunâtre ; élytres avec des stries longitudinales de points, plus ou moins marquées.

Insecte à facies aphodioïde, commun partout. Plusieurs auteurs l'ont signalé comme habitant le Poirier; je ne l'ai jamais rencontré que sur des troncs abattus depuis longtemps et appartenant à cet arbre. Ces notes étant spécialement rédigées dans le but d'éclairer les arboriculteurs sur la nature des dommages causés par les insectes, aux arbres qu'ils cultivent, j'ai omis à dessein l'histoire de tous les insectes qui peuvent se rencontrer sur les vieilles souches abattues, parce que ce travail m'eût entraîné trop loin, et que les détails qu'il comporte ne paraissent pas intéresser directement les horticulteurs.

37. SCOLYTUS PRUNI (Ratzeburg).

Ratzeburg; *Die forst. Insect.*; tome 1, page 187.

Synonymie : *Scolytus pyri* (Ratzeb.) (1) ; — *Eccoptogaster pyri* (Ratzeb.) (2); — *Scolyte du prunier* ; — *Der grosse Stutzlorken Kœfer der obstbaumen* des allemands.

Long de 4 à 5 millimètres ; élytres un peu rétrécies en arrière ; corselet finement ponctué ; stries des élytres très-finement pointillées, ce qui leur donne, sur le dos surtout, un aspect lisse et brillant ; corps et corselet noirs ; élytres brunes ; jambes et antennes de couleur plus claire que celles des élytres.

C'est principalement cette espèce que l'on rencontre sur les arbres fruitiers, et plus ordinairement sur les Pruniers ; je l'ai aussi trouvée sur le Poirier et sur le Pommier.

L'accouplement du *Sc. pruni* se fait dans la galerie principale, dans laquelle on trouve ordinairement de 4 à 6 individus : ces galeries sont construites dans le liber et dans l'aubier ; celles qui sont habitées par des larves, se terminent à l'écorce. Les arbres vieux et souffrants sont les seuls sur lesquels j'ai rencontré cet insecte ; M. Nœrdlinger dit, au contraire, qu'il habite de préférence les jeunes sujets. Je n'ai pu vérifier l'exactitude de ce fait, au moins

(1) Je n'ai pas vu le *Sc. pyri* de Ratzeburg, et n'ai, par conséquent, pu le comparer au *Sc. pruni* ou à ses variétés, dont le nombre est assez considérable, comme d'ailleurs cela s'observe dans plusieurs espèces du genre Scolytes. M. Nœrdlinger n'hésite pas à opérer la réunion des deux espèces décrites par M. Ratzeburg.

(2) Depuis la publication de l'ouvrage de M. Ratzeburg, faite en 1837, il a été décrit, sous le nom de *Scolytus pyri*, une espèce de l'Amérique du nord qui, bien probablement, n'est pas la même que celle dont nous parlons. Si le nom donné par M. Ratzeburg doit rester, celui de l'auteur américain, M. Peck, devra être changé comme faisant double emploi. Voyez : Harris : *A treatise of some, of the insecten, of new England, Which are injurions vegetation*, etc. ; 1837 *Cambridge (État de Massaschussett de l'Union américaine)*.

en ce qui concerne le Poirier. Cet auteur ajoute encore que le dommage causé par le *Sc. pruni* n'est jamais considérable. Ici encore, je ne suis pas d'accord avec le savant professeur de Stuttgard, et je pense que les résultats qui sont la conséquence des ravages du Scolyte, sont en rapport avec le nombre des individus, la végétation de l'arbre, les soins que celui-ci reçoit, etc. Dans tous les cas, je puis affirmer que, s'il ne cause pas la mort des arbres, il en arrête la végétation, et que les sujets qui en sont atteints, ne donnent que des fruits rares, petits et dégénérés, au point que l'on ne reconnaît plus la variété de l'arbre qui les a produits.

La durée de la vie de la larve n'est pas encore connue; mais elle doit être assez longue, si l'on en juge par la dimension des galeries qu'elle se creuse avant de se transformer en nymphe.

38. SCOLYTUS RUGULOSUS (Koch).

Ratzeburg; *Die forst Insecten*; tome 1, page 192.

Synonymie : *Eccoptogaster rugulosus* (Ratzeburg) ; — *Der klein Sultz borken Kœfer* des allemands.

Long de 2 à 3 millimètres ; corselet fortement ponctué ; élytres avec des stries si fortement ponctuées qu'elles en paraissent rugueuses ; corps noir ; élytres brunes ; abdomen relevé et un peu élargi.

Le *Scolytus rugulosus* se rencontre ordinairement dans les jeunes branches des Cerisiers, et plus particulièrement dans celles du Pommier. Je n'ai encore eu l'occasion de l'observer qu'une seule fois sur le Poirier. M. Perris l'a également trouvé sur des jeunes branches de cet arbre. C'est peut-être de cette espèce que M. Nœrdlinger a voulu parler, quand il dit que le *Sc. pruni* n'attaque que les jeunes arbres ou les jeunes branches. La difficulté de creuser des galeries d'assez grandes dimensions dans de petits troncs, explique pourquoi l'accouplement se fait au dehors. Cependant, il arrive quelquefois que le *Sc. rugulosus* pénètre dans de gros arbres, et alors, on trouve toujours une galerie centrale, plus large, et dans laquelle se fait le rapprochement des sexes. La femelle pond ses œufs à mesure qu'elle avance dans son travail, et les larves établissent leurs galeries dans l'aubier ou dans le bois, selon l'épaisseur de l'écorce et la température de l'hiver. La ponte se fait ordinairement au mois de juin; mais elle continue souvent jusqu'en septembre et octobre. M. Nœrdlinger dit que les larves ne mettent qu'un mois pour accomplir toutes leurs métamorphoses; tandis que Schmidberger dit positivement que cette période dure plus d'une année.

XXII. PLATYPUS, Herbst .(1)

Blanchard; *Histoire des Insectes;* tome II, page 129.

Tête aussi large que le corselet, carrée en arrière; antennes courtes, de 11 articles, dont la massue est grande, ovoïde, comprimée et non articulée; jambes courtes; tarses de 4 articles.

Insectes de petite taille, de forme allongée, cylindrique; de couleur sombre; plus spécialement propre à l'Amérique inter-tropicale. Une seule espèce vit en Europe. Tous, ainsi que leurs larves, vivent dans le bois dans lequel ils se creusent des galeries.

39. PLATYPUS CYLINDRICUS (Fabr.).

Laporte; *Hist. natur. des Insect.;* tome II, page 372.

Synonymie: *Bostrichus cylindrus* (Fabr.); — *Bostrichus cylindricus* (Oliv.); — *Platypus cylindricus* (Latr.); — *Cylindra bimaculata* (Dufstchm.); — *Kernkoltzkœfer* des allemands.

Corps d'un brun noirâtre, un peu velu, surtout vers l'extrémité des élytres, long de 5 à 6 millimètres; antennes et

(1) Synonymie : Bostrichus (Fab.); — Cylindra (Duftschm.).

pattes brunes; tête plane en avant, rugueuse; corselet finement ponctué; élytres ponctuées, striées avec des côtes
élevées, dont la troisième est terminée par une petite épine;
cuisses dentées; jambes terminées par une épine.

Insecte commun dans toute l'Europe; c'est ordinairement sur le
Hêtre et le Chêne qu'on le rencontre. Cependant, j'en ai trouvé,
en 1856, plusieurs individus isolés sur des Poiriers sauvages des
bois de Briey et de Conflans; et, en 1857, deux individus sur un
Poirier malade d'un jardin de Vaux.

C'est là tout ce que je sais de particulier du *Platipus cylindrus*, quand il attaque les Poiriers. Sur le Chêne, on sait qu'il
s'y creuse des galeries dans le bois sain, et qu'on y rencontre
souvent leurs larves plusieurs à la suite les unes des autres. Les
galeries de ponte sont pénétrantes ou perpendiculaires à l'axe de
l'arbre, ce qui les distingue facilement des galeries de ponte des
Scolytes, qui sont longitudinales ou parallèles à l'axe de l'arbre.
Quant aux galeries latérales, on sait que les larves des Scolytes
y sont toujours solitaires, ce qui n'a pas lieu pour les Platypes.

XXIII. CLYTUS, Fabricius (1).

Blanchard; *Hist. des Insectes;* tome II, page 153.

Antennes filiformes, assez épaisses, de moitié plus courtes
que le corps; cuisses longues, peu renflées; pattes postérieures beaucoup plus longues que les autres; corselet rond,
convexe, sans épine.

Insectes de 10 à 20 millimètres de longueur, propres à l'Europe,
à l'Algérie et à l'Amérique. Leur nom leur vient (2) du bruit qu'ils
produisent en frottant leur tête contre le prothorax. Voici comment

(1) Synonymie : LEPTURA (Lin.); — CALLIDIUM (Panzer); — CERAMBYX
(Linné); — PLATYNOTUS (Mulsant); — ANAGLYPTUS (Mulsant).|
(2) χλυτοξ, qu'on entend.

M. Mulsant nous décrit leur forme et leurs habitudes : « Ces insectes sont généralement remarquables par l'élégance de leur parure. Les uns, sur leurs élytres de velours jaune, portent des points ou des bandes d'ébène; plusieurs, sur un fond obscur, montrent des espèces de signes hiéroglyphiques, des lignes courbes ou flexueuses, des chevrons ou des croissants d'argent; les autres, sur leur corps de jais, semblent chamarrés de galons d'or, comme nos hommes de cour. Les goûts de ces gracieuses créatures sont en harmonie avec leur beauté. C'est aux fleurs que la plupart vont demander le peu de nourriture qui leur est nécessaire. Elles volent des ombelles du panais aux corymbes de la mille-feuille, ou cherchent d'autres fois, sur des plantes humbles, les sucs mielleux dont elles sont avides. Leurs pieds longs et déliés, appropriés à leur genre de vie, sont des indices de leur légèreté: dans les journées chaudes, surtout, leur agilité désole souvent la main qui cherche à les saisir. »

Les larves des Clytes sont encore peu connues. M. Perris a décrit celle du *Cl. arietis*; et, selon MM. Chapuis et Candèze, l'*Entomologie Magazin* contient la description de celle du *Clytus arcuatus*. Ces larves vivent dans le tronc des arbres vieux ou abattus; elles s'y creusent des galeries entre l'écorce et l'aubier, et se transforment en nymphes et en insectes dans des loges creusées dans le bois. C'est ce genre de vie des larves de Clytes qui explique la présence de ces insectes dans les bûcheries, les chantiers, etc.

40. CLYTUS ARCUATUS, (Fabricius).

Mulsant; *Longicornes de France*; page 73.

Synonymie: *Leptura arcuata* (Lin.) ; — *Callidium arcuatum* (Panzer); — *Platynotus arcuatus* (Mulsant).

Dessus du corps d'un noir velouté ; corselet transversal, ayant une bande jaune en avant et une autre de la même couleur, interrompues au milieu ; écusson jaune ; élytres ayant chacune deux points vers la base, trois bandes arquées sur le disque et une ligne oblique, à l'angle sutural, de la même couleur.

Au printemps 1857, j'ai trouvé sur des souches de Poiriers nouvellement abattus, un grand nombre de larves que je croyais appartenir à la *Saperda scalaris*; mais après avoir consulté M. Goureau et Perris, je les ai rapportées à une espèce du genre *Clytus*.

Ces larves sont longues de 10 à 25 millimètres; la tête est plate et élargie; les anneaux du corps sont bien distincts, le 8e et le 9e sont plus étroits que les autres, ce qui donne un faciès tout particulier à ces larves. Le corps est blanc, à l'exception de la partie antérieure du premier anneau qui est plus ou moins jaune; les parties de la bouche sont d'un brun foncé. Les pattes, au nombre de 6, sont très-courtes et très-écartées, surtout les postérieures; les jambes sont coniques et composées de 4 articles; les mandibules sont courtes, fortes et arrondies.

Ces larves creusent des galeries sinueuses entre l'écorce et l'aubier, en entamant celui-ci plus profondément que l'écorce. Ces galeries sont d'autant plus larges qu'elles s'éloignent davantage de leur origine; elles sont faiblement creusées et remplies de vermoulure. Plusieurs larves se trouvent dans une même galerie à la suite les unes des autres : les plus grandes les premières, et les plus petites les plus rapprochées de l'origine.

Vers le mois de mars ces larves quittent les parties superficielles du bois pour s'enfoncer plus avant dans l'intérieur, et s'y creuser une loge ellipsoïdale, allongée, et dont elles bouchent l'ouverture avec de la vermoulure. En ce moment les larves se raccourcissent, deviennent cylindriques, prennent une couleur jaune citron, et vers la fin de mai, on en trouve déjà qui sont transformées en nymphes. Le 10 juin, en ouvrant une des bûches que je conservais pour obtenir ces insectes d'éclosion, j'ai trouvé un *Clytus arcuatus*. La présence de cet insecte est donc venue confirmer les prévisions de M. Perris, qui, en procédant par exclusion, en était arrivé à conclure que les larves que je lui avais communiquées, devaient appartenir au genre *Clytus*, et peut-être au *Cl. arcuatus.*

Le nombre des larves trouvées sur les Poiriers que j'ai explorés, s'élevait à plus de deux cents : il y en avait de tailles fort différentes, et je ne puis encore décider si elles appartiennent toutes au Clyte arqué, ou si elles proviennent d'une autre espèce du même genre, ou, enfin, si les premières qui se sont transformées, appartiennent à une génération antérieure à celles des autres larves trouvées dans les mêmes galeries.

Ordinairement le *Clytus arcuatus* vit dans le Chêne. J'ai pris des renseignements, et j'ai appris que les Poiriers sur lesquels j'avais trouvé les larves de cet insecte, provenaient des environs de Sierck, et qu'ils avaient été abattus, parce que, depuis 2 ou 3 ans, ils ne donnaient plus de fruits. Non loin de là, aussi, existe une grande forêt de Chênes dans laquelle je me propose de faire, cette année, une excursion, pour voir si les Clytes y sont nombreux, et chercher si il n'y aurait pas là un nouvel exemple d'insectes envahissant les cultures voisines, quand ils deviennent trop nombreux dans leur milieu naturel.

Pour terminer ce que j'ai à dire sur ce Clytus, j'ajouterai que les larves de cet insecte se trouvaient sous l'écorce du tronc, sous celles des grosses branches, et même sous celles des branches de 6 centimètres de diamètre seulement.

XXIV. LEIOPUS, Serville (1).

Mulsant; *Col. de France; Longicornes;* page 149.

Antennes une fois et demie aussi longues que le corps ; corselet ayant de chaque côté une épine courbée ; épaules carrées ; front long et plat ; segment oval des mâles caché, allongé dans les femelles, tarière cachée ; pattes antérieures un

(1) Synonymie : CERAMBYX (Lin.); — LAMIA (Schœnh.).

peu plus longues que les autres et sans houppes soyeuses aux tarses ; corps ailé.

Insecte de taille assez petite pour la famille : nombreux en espèces, deux ou trois seulement habitent l'Europe. Les larves vivent dans le bois et sous les écorces de plusieurs arbres. Elles sont d'ailleurs très-peu connues, et leur histoire est encore à faire.

41. LEIOPUS NEBULOSUS (Linné).

Mulsant ; *Col. de France; Longicornes* ; page 150.

Synonymie : *Cerambyx nebulosus* (Lin.) ; — *Lamia nebulosa* (Schœn) ; — *Lamie nébuleuse.*

Long de 6 à 10 millimètres ; corps couvert d'un duvet cendré ; élytres mouchetées de taches plus foncées et groupées de manière à former une bande transversale, un peu au delà du milieu ; antennes et pattes annelées de noir et de blanc.

Cet insecte est assez rare aux environs de Metz. **M. Westwood** en a fait connaître la larve, mais non ses habitudes. D'après **M. Goureau**, cette larve aurait des mœurs semblables à celles de la *Saperda scalaris*, en compagnie de laquelle il a trouvé sa Chrysalide sous les écorces d'un vieux Poirier abattu.

XXV. SAPERDA, Fabricius (1).

Mulsant ; *Col. de France; Longicornes* ; page 185.

Antennes presque aussi longues que le corps, de 11 articles ; front aplati ; yeux très-échancrés, mais non divisés ; élytres parallèles ou un peu rétrécies en arrière ; segment oval, échancrés dans les mâles ; pattes assez longues ; jambes intermédiaires échancrées.

(1) Synonymie : CERAMBYX (Schranck).

Insecte d'assez grande taille, couvert d'un duvet court, de couleur assez variée selon les espèces; propre à l'Europe et à l'Amérique du nord. Les larves des espèces connues vivent dans le tronc des arbres de diverses natures : les unes se creusent des galeries entre l'écorce et le bois; d'autres habitent l'intérieur du tronc des arbres sains; quelques-unes au contraire subissent leurs métamorphoses dans les tiges des plantes herbacées. Jusqu'à présent on a décrit les larves de huit espèces de Longicornes appartenant au genre Saperde.

42. SAPERDA SCALARIS (Linné).

Mulsant; *Col. de France*; *Longicornes*; page 188.

Synonymie : *Cerambyx scalaris* (L.) ; — *Saperde porte-échelle* ; — *Der grünleiterigebockkœfer* des allemands.

Longue de 15 à 20 millimètres, noire ; élytres déprimées, ornées le long de la suture, d'une bande dentelée, formée par un duvet jaune citron, court et très-serré; bords extérieurs ayant des points et des traits de même couleur, irrégulièrement distribués.

Ce beau Longicorne, rare pendant quelques années, puis tout à coup assez fréquent dans quelques localités, a été signalé, comme un parasite du Poirier, par Macquart, M. Goureau, etc. Ce dernier entomologiste en a fait connaitre la larve en 1844 :

« Ces larves habitent sous l'écorce des vieux Poiriers et y vivent de la sève décomposée ou des jeunes fibres de l'écorce. Jamais elles n'attaquent le bois que quand elles sont jeunes, et c'est toujours dans les couches intérieures de l'écorce qu'elles creusent leurs galeries. Ce n'est qu'au moment de passer à l'état de nymphe qu'elles entament l'aubier pour s'y creuser une loge dans laquelle elles se retirent; pliées en deux, d'abord, elles en agrandissent ensuite l'intérieur et en ferment l'ouverture avec les débris du bois qu'elles ont détruit avec leurs mandibules. Ces larves semblent vivre trois années avant d'avoir atteint leur développement. C'est en avril qu'elles se retirent dans les cellules de l'aubier où elles se transforment en Chrysalides, vers le commencement de juillet, et éclosent vers le 20 du même mois. »

« Il est probable, dit encore M. Goureau, que la femelle pond ses œufs dans les crévasses de l'écorce. Sa larve est allongée, fluette, d'une couleur vineuse qui semble résider dans l'intérieur du corps, et surtout dans le tube intestinal. Elle a la tête grande, de forme carrée, et pararaissant pouvoir rentrer dans le premier anneau, les mâchoires brunes et fortes, et les antennes courtes. Les mamelons sont retranchés; le premier anneau est orné, en dessus, de 2 taches jaunes. La Chrysalide est blanche. Quand l'insecte vient d'éclore les poils sont blancs et ne prennent la couleur jaune qu'au bout de quelques jours. »

Selon **M.** Goureau, il faudrait écorcer tous les arbres abattus afin de détruire toutes les larves qui s'y réfugient.

43. SAPERDA CANDIDA (Fabricius).

Fabr.; *Systema Eleuterat;* tome II, page 319.

Synonymie : *Saperda bivittata* (Say.); — *The apple tree borer* des américains.

Ce n'est que pour mémoire que je mentionne ici cet insecte, dont la larve a été décrite et figurée en 1855, par **M.** Aza Fitch, d'Albany (État de New-Yorck); elle vit dans l'intérieur des troncs des Pommiers, et quelquefois, dans celui des Poiriers de l'Amérique du nord (1).

XXVI. POLIOPSIA, Mulsant (2).

Mulsant; *Col. de France; Longicornes;* page 190.

Antennes filiformes, un peu plus longues que le corps, assez

---

(1) Voyez : *Firts raport on the Noxious, Beneficial and other Insectes of the states of New-Yorck.* Bi. Aza Fitch d. m.; Albany, 1855.

(2) Synonimie : LEPTURA (Linné); — SAPERDA (Schœnh.); — TETROPS (Stephens); — ANŒTIA (Dej.).

fortement ciliées en dessous ; yeux séparés en deux par la base des antennes, la plus forte partie en dessous ; élytres presque parallèles, allongées ; pattes courtes ; jambes intermédiaires échancrées.

Insectes d'assez petite taille, propres à l'Europe, et dont les métamorphoses sont encore inconnues.

44. POLIOPSIA PROEUSTA (Linné).

Mulsant ; *Col. de France ; Longicornes ;* page 190.

Synonymie : *Leptura præusta* (L.) ; — *Saperda 'præusta* (F.) ; — *Anætia præusta* (Dej.) ; — *Tetrops præusta* (Steph.) ; — *Der augebraunte bocken kœfer* des allemands.

Long de 3 à 5 millimètres ; tête noire, couverte de poils cendrés, et, en dessous, de cils rares et courts ; corselet court, avec une ligne longitudinale et un sillon transversal bien marqués ; élytres ponctuées d'un jaune livide, avec l'extrémité noire ; dessous du corps noir et luisant ; pattes testacées, avec les cuisses postérieures plus ou moins noires.

Quoiqu'assez répandu dans toute la France, cet insecte qui paraît au printemps, n'a encore été rencontré, par moi, qu'une fois, en 1854, sur un Poirier. La larve est inconnue, et, selon M. Mulsant, elle doit vivre dans les jeunes pousses de plusieurs arbres, et notamment dans celles du Chêne, du Charme et du Poirier.

Comme c'est au printemps qu'il fait son apparition, on comprend combien la taille des arbres doit être préjudiciable à sa multiplication ; seulement il faudrait, lorsqu'on pratique cette opération, enlever toutes les branches coupées, les brûler immédiatement, et ne pas en faire des fagots que l'on rentre et que l'on conserve, comme si l'on voulait assurer l'éclosion des larves et des nymphes qu'elles renferment.

8

XXVII. PHYTOECIA, Mulsant (1).

Mulsant; *Col. de France; Longicornes;* page 199.

Antennes de 11 articles, de la longueur du corps, le premier article est renflé, le second plus petit, le troisième le plus long; corselet court; élytres rétrécies en arrière (au moins chez les mâles); pattes courtes; jambes intermédiaires échancrées; crochets des tarses bifides.

Insectes de taille au-dessous de la moyenne, de couleurs variées, souvent verts ou verdâtres. On en connaît un assez grand nombre d'espèces, les unes européennes, les autres américaines; quelques-unes habitent l'Algérie ou l'Asie. Leurs larves sont encore inconnues, et les insectes eux-mêmes ne sont pas très-communs.

45. PHYTOECIA NIGRICORNIS (Fabricius).

Mulsant; *Col. de France; Longicornes;* page 208,

Synonymie : *Saperda nigricornis* (Fabr.).

Long de 8 à 11 millimètres; dessus du corps et pattes couverts d'un duvet ardoisé; corselet ayant trois lignes longitudinales formées par un duvet cendré, celles du milieu plus longues que celles des côtés; antennes noires.

Il y a déjà longtemps qu'on a signalé la larve de cet insecte, comme vivant dans les jeunes branches du Poirier, mais sans qu'aucun des auteurs qui ont parlé de ces faits, aient rien fait connaître de particulier sur l'organisation ou sur les mœurs de cet insecte.

XXVIII. LUPERUS, Geoffroy (2).

Blanchard; *Hist. natur. des Insectes;* tome II, page 190.

Antennes grêles et filiformes, presqu'aussi longues que le

---

(1) Synonymie: CERAMBYX (Lin.); — SAPERDA (Fabr.).
(2) Synonymie: CHRYSOMELA (Lin.); — CRIOCERIS (Fabr.).

corps, très-rapprochées à la base ; corselet carré ; élytres al-longées ; pattes de grandeur moyenne ; cuisses non renflées, impropres au saut.

Insectes de petite taille, vivant sur les feuilles d'un grand nombre de plantes; les larves sont à peine connues, et leurs mœurs ne le sont pas d'avantage; il paraît cependant qu'elles sont phyllophages.

46. LUPERUS FLAVIPES (Linné).

Linné; *System. natur.* ; tome II, page 601.

Synonymie : *Luperus flavipes* (Geoffr.) ; — *Chrysomela fla-vipes* (Lin.) ; — *Crioceris flavipes* (Fabr.) ; — *Luperus rufipes* (Dejean) ; — *Crioceris rufipes* (Lin.).

La différence qui existe entre les deux sexes nécessite une description séparée de chacun d'eux :

Mâle. — Noir; brillant ; base des antennes d'un jaune testacé ;

Femelle. — Noire ; antennes, pattes et corselet d'un jaune plus ou moins foncé.

D'après M. Chevrolat, les *Crioceris rufipes* et *flavipes* ne doivent former qu'une seule espèce. Ces insectes sont excessivement communs sur les feuilles d'un grand nombre d'arbres fruitiers.

En 1854, les feuilles de plusieurs Poiriers d'un jardin de Val-lières en étaient criblées. Selon Geoffroy, la larve du *Luperus flavipes* est assez grosse, courte, de forme ovale, et ayant 6 pattes et la tête écailleuse. Le reste du corps est d'un blanc sale, mou; elle habite de préférence les feuilles de l'Orme.

Selon Schmidtberger, au contraire, ces larves sont rhizophages. Quoiqu'il en soit, il dit ne jamais les avoir rencontrées sur les feuilles.

Quand les Lupères sont abondants, on peut, pour les détruire, faire un feu de paille mouillée sous les arbres, de manière à les asphyxier.

XXIX. IDALIA, Mulsant (1).

Mulsant; *Col. de France*; *Sécuripalpes*; page 44.

Corps glabre; antennes à massue peu marquée, découvertes à la base; repli des élytres sans fossettes; palpes labiaux grêles; cuisses débordant faiblement les côtés du corps.

Insectes de petite taille, connus sous les noms de Coccinelles. Le genre Idalia renferme 17 espèces dont plus de la moitié sont étrangères à l'Europe.

Leurs larves et les insectes eux-mêmes sont aphidiphages; ils sont donc utiles aux plantes sur lesquelles on les rencontre, puisqu'ils font la guerre aux Pucerons qui s'y trouvent.

47. IDALIA BIPUNCTATA (Linné).

Mulsant; *Col. de France*; *Sécuripalpes*; page 51.

Synonymie : *Coccinella bipunctata* (Lin.); — *Coccinelle à deux points rouges* (Geoffr.); — *Coccinella dispar* (Sch.); — *Coccinella quadripustullata* (Donov.); — *Coccinella unifasciata* (Fabr.) ; — *Coccinella annulata* (Lin.); — *Coccinella hastata* (Oliv.); — *Coccinella pantherina* (L.); — *Coccinella octopunctata* (Schœffer); — *Coccinella sexpustullata* (Scriba); — *Coccinella varia* (Schranck); — *Coccinella tripustullata* (Zetterst); — *Coccinelle noire à points rouges* (Geoffr.); — *Coccinella cincta* (Muller); — *Coccinella quadrimaculata* (Scopoli); — *Coccinella quadripustullata* (Scopoli).

Longue de 5 à 6 millimètres, large de 3 à 4; corps ovale, convexe et pointillé; tête inclinée, noire, ayant souvent une tache blanchâtre de chaque côté; antennes fauves, obscures

(1) Synonymie : COCCINELLA (Fabr.).

au sommet ; corselet échancré en avant, élargi en arrière ;
écusson triangulaire, petit, noir ; élytres peu convexes, tantôt
rouges plus ou moins clair, avec un point discal, ou des ra-
mifications noires ; quelquefois les élytres sont noires avec des
taches rouges, le bord jaune ou rougeâtre, et l'angle humé-
ral rouge ; dessous du corps noir, presque glabre ; pattes
noires, les antérieures et les intermédiaires quelquefois
rougeâtres.

Cet insecte, ordinairement très-commun, se rencontre pendant
une grande partie de l'été sur les plantes envahies par les Pucerons, dont il fait sa nourriture. Il est cependant plus abondant dans
les vergers que dans les jardins, mais pas plus particulièrement
sur certaines espèces d'arbres que sur d'autres. La larve a été décrite la première fois, en 1720, par Frisch ; elle se trouve dans les
mêmes lieux que l'insecte parfait, et comme lui, elle fait la guerre
aux Pucerons. Cette larve est allongée, rétrécie en arrière, de couleur ardoisée, avec des taches noires, disposées longitudinalement
sur le ventre.

Au lieu de détruire les Coccinelles et leurs larves, on devrait, au
contraire, chercher le moyen d'en propager la race, pour nous
aider à la destruction des Pucerons, qui causent beaucoup de
mal aux plantes, ainsi que nous le verrons dans la deuxième partie
de ce mémoire.

XXX. COCCINELLA, Linné.

Mulsant; *Col. de France; Sécuripalpes ;* page 71.

Corps glabre ; antennes recouvertes à la base ; yeux peu
saillants ; cuisses dépassant peu le bord des élytres ; mésos-
ternum entier ; plaques abdominales courbes, irrégulières et
touchant le bord du premier arceau.

Ce genre, qui a servi de type à la famille entière des *Cocci
nelliens,* est bien connu de tout le monde ; son corps, convexe et

noir, a des élytres ordinairement parées de charmantes couleurs, disposées en capricieux dessins; jamais elles n'ont, cependant, de reflet métallique. Malgré toutes les coupures qu'y a faites **M. Mulsant**, ce genre renferme encore 35 espèces dont 7 seulement sont européennes. Deux d'entre elles se trouvent, non-seulement dans toute l'Europe et en Afrique, mais elles se sont encore propagées en Amérique.

Tous ces insectes sont aphidiphages; la plupart de leurs larves le sont également; cependant, selon quelques auteurs, quelques-unes ne le sont pas et vivent au contraire de la partie herbacée de quelques plantes. J'ai lieu de croire que, dans certains cas du moins, des larves qui sont carnassières peuvent, pendant quelques jours, remplacer leur alimentation ordinaire par des substances végétales. J'ai vérifié l'exactitude de ce fait sur une larve de la *Coccinella septempunctata*, que j'ai nourrie pendant 4 jours avec de jeunes bourgeons, dont elle dévorait toute la substance (1).

(1) Dans l'ouvrage que nous avons cité plus haut, sur les insectes nuisibles de l'État de New-Yorck, M. Aza Fitch y donne de très-curieux détails sur la manière dont, en Amérique, les larves des Coccinelles font la chasse aux Pucerons : « Les œufs mûrissent en peu de jours, dit cet entomologiste, et il en sort une larve blanche, à corps mince, terminé en pointe extérieurement, et armé, en avant, par six petits pieds. Elle court de tous côtés avec animation; et si elle vient à rencontrer un Puceron, quelque gros qu'il soit, le petit héros, à peine âgé de quelques minutes, le saisit hardiment, et celui-ci, comme un poltron, ne lui oppose d'autre résistance que quelques mouvements pour le renverser. Mais le petit assaillant se cramponne à son corps, l'empêche d'avancer d'un pas, et se servant pour armes de ses membres antérieurs, il détache le Puceron de la feuille et dévore son corps à son aise, en ne laissant que l'enveloppe. En grossissant, les côtés, et dans quelques espèces, toute la surface du corps de la larve, se couvrent de taches rouges ou jaunes, de points élevés ou de tubercules disposés longitudinalement. Ces petites créatures sont d'une très-grande voracité, courent sans cesse sur les feuilles et les branches à la recherche de leur proie, et consomment des centaines de Pucerons. Dans le courant de 2 ou 3 semaines, elles atteignent la longueur d'un quart de pouce anglais (= 5 à 6 millimètres); alors elles se fixent, par leur extrémité postérieure, à une feuille, à une branche ou à un tronc d'arbre, et se penchant la tête en arrière, sa peau se fend jusqu'au milieu

En général les larves carnassières, qui appartiennent aux Coccinelles, sont agiles et n'ont sur le corps que des tubercules arrondies, ou des renflements inégaux. Les larves qui sont phytophages sont, au contraire, plus lentes dans leurs démarches et
restent toute leur vie sur la plante qui les a vues naître ; leur corps
est hérissé d'épines ou de mamelons pointus sur les anneaux dorsaux et thoraciques.

48. COCCINELLA SEPTEMPUNCTATA (Linné).

Mulsant ; *Col. de France* ; *Sécuripalpes* ; page 79.

Synonymie : *Coccinella septemmaculata* (Tigny) ; — *Coccinella divaricata* (Oliv.) ; — *Coccinelle rouge à 7 points
noirs* (Geoffroy) ; — *Coccinelle* ; — *Agathe* ; — *Maréchal* ;
— *Bête du bon Dieu* ; — *Marien kœfer siebenpunctiri* des
allemands ; — *Crapeaux de dame* des anglais.

Longues de 5 à 8 millimètres ; larges de 4 à 7 ; corps hémisphérique ; corselet noir, avec une tache quadrangulaire
aux angles antérieurs ; élytres rouges, pâles sur le pourtour de
l'écusson (celui-ci noir), et ayant sur chacune trois points
noirs.

Cet insecte est très-commun, et c'est plus particulièrement à lui
que l'on a donné tous les noms vulgaires par lesquels on distingue
les Coccinelles en général.

Répandue dans toute la France, on la rencontre sur toute sorte
de végétaux, sur lesquels elle est toujours à la recherche des Pucerons. Contrairement à ce que l'on observe dans un grand
nombre d'espèces de la famille des Coccinelles, les couleurs de

---

du dos, et la nymphe sort avec sa peau unie, mais reste protégée en dessous et sur les côtés, par les débris de la vieille peau de la larve. Dans quelques espèces (fait que je ne trouve mentionné dans aucun auteur), la peau
de la larve est entièrement rejettée, et les débris desséchés, restent fixés à
l'extrémité de la nymphe. »

celle-ci sont très-constantes. Sa larve est bien connue, elle a été décrite par un grand nombre d'entomologistes, et pour la première fois par Gœdart, en 1700. Longue d'environ 12 à 15 millimètres, quand elle est arrivée au moment de sa transformation; elle est de couleur ardoisée, tirant plus ou moins sur le bleuâtre, avec 6 petites pattes, et les anneaux thoraciques couverts de plaques épineuses. Deux taches jaunes sur le premier anneau; des taches d'un jaune pâle sur le quatrième et le septième; les autres ont des taches noires. La nymphe est de couleur orange, avec 2 rangées de petites taches noires.

La Coccinelle à 7 points a, ainsi que sa larve, des habitudes aphidiphages bien connues, et malgré l'inconvénient, signalé plus haut, de la voir, dans quelques cas extrêmes, s'attaquer aux bourgeons, on doit la considérer comme une espèce fort utile, dont on doit conserver les individus que l'on rencontre.

49. COCCINELLA VARIABILIS (Linné).

Mulsant; *Coléopt. de France; Sécuripalpes;* page 95.

Synonymie: *Coccinella quatuordecimpunctata* (Muller); — *Coccinelle rouge, à 11 points et corselet jaune* (Geoffroy); — *Coccinelle noire à 10 points jaunes* (Geoffroy) (1).

Ovale, longue de 3 à 5 millimètres, large de 2 à 3 millimètres et demi; élytres ayant à l'extrémité une ligne transversale élevée; repli des élytres incliné; élytres d'un cendré plus ou moins foncé, sans taches, ou ayant chacune un, deux, trois, quatre, cinq ou six points noirs; ces taches noires sont quelquefois isolées, d'autres fois elles sont diversement liées entre elles par un trait, de manière à former des bandes transversales, des lignes, des bordures, etc. Enfin, chez quelques

(1) La synonymie des variétés de cette espèce est tellement longue, que je ne veux pas la reproduire entièrement ici. (Voyez : *Catalogue des Coccinelles observées dans le département de la Moselle,* par J.-B. Géhin; Metz, 1855.)

individus, la couleur noire envahi la surface de l'élytre. Pattes en grande partie d'un jaune livide.

Cette espèce, excessivement commune dans toute l'Europe, est tellement variable, que l'étude de l'Entomologie serait impossible, si dans chaque famille, on rencontrait aussi peu de fixité que dans celle-ci, parmi les caractères spécifiques d'une espèce seulement.

Cette Coccinelle est aphidiphage. M. Mulsant fait remarquer une chose, que nous avons déjà signalée nous-même dans le cours de ce mémoire; c'est que, bien que l'insecte soit répandu, sa larve n'a pas encore été décrite, et que l'on ne sait rien sur ses habitudes.

50. COCCINELLA QUATUORDECIMPUNCTATA (Linné).
Mulsant; *Col. de France*; *Sécuripalpes*; page 152.

Synonymie : *Coccinella tessulata* (Scopoli); — *Coccinella tetragonata* (Laichart); — *Coccinella conglomerata* (Herbst); — *Coccinella conglobata* (Illiger); — *Coccinella quatordecimmaculata* (Fabr.); — *Coccinella tesselata* (Schneider); — *Coccinella duodecimpustullata* (Fabr.); — *Coccinella fimbriata* (Jutz); — *Coccinella dentata* (Cant.); — *Coccinella leucocephala* (Zsch.); — *Coccinella bissexpustullata* (Fabr.); — *Propylea quatuordecimpunctata* (Ill.); — *Coccinelle à l'échiquier* (Geoffroy).

Longue de 3 à 6 millimètres, large de 2 à 4; ovale; échancrure du bord antérieur du corselet sinueuse, celui-ci entièrement jaune, ou sur les côtés seulement; élytres jaunes, avec 7 points noirs et quadrangulaires; quelquefois elles sont noires, et ornées de taches jaunes; base des cuisses, jambes, tarses et taches sur le ventre d'un jaune très-pâle.

Insectes variant aussi pour la couleur; également communs sur les Poiriers et la plupart des autres arbres fruitiers, dont ils mangent les Pucerons. La larve a été décrite, en 1720, par Frisch: elle est grise, et de tubercules noirs, couvert et, comme l'insecte, elle est aphidiphage.

XXXI. MICRASPIS, Chevrolat (1).

Mulsant; *Col. de France; Sécuripalpes;* page 162.

Mandibules faiblement bidentées ; mâchoires bilobées ; écusson peu apparent ; corps presque hémisphérique ; massue des antennes tronquée ; cuisses au niveau du bord externe des élytres.

Insectes de petite taille , communs dans toute l'Europe; l'Asie en renferme aussi 2 espèces. Ils sont aussi aphidiphages, mais leurs larves sont encore inconnues.

51. MICRASPIS DUODECIMPUNCTATA (Lin.).

Mulsant; *Coléoptères de France; Sécuripalpes ;* page 163.

Synonymie : *Coccinella sexdecimpunctata* (Lin.) ; — *Coccinella suturata* (Gooze) ; — *Coccinella octodecimpunctata* (Fuesly) ; *Coccinella undecimpunctata* (Gmel) ; — la *Coccinelle jaune à suture*, de Geoffroy.

Presque hémisphérique , jaune en dessus ; corselet avec 4 points noirs au milieu , disposés en demi-cercle , et un autre de chaque côté ; élytres avec la suture et 4 points noirs , disposés en série longitudinale , un sur le calus et quatre sur le bord externe ; les taches du corselet ainsi que celles des élytres , sont souvent liées entre elles par des traits noirs.

En 1857, j'ai vu cette petite Coccinelle au milieu des Pucerons du Poirier. Il est donc probable qu'elle est aussi aphidiphage. Quant à la larve , ses mœurs et son organisation sont également inconnues.

(1) Synoymie ; COCCINELLA (Lin.).

TABLE ALPHABÉTIQUE

DES NOMS DES INSECTES CITÉS

dans cette première partie.

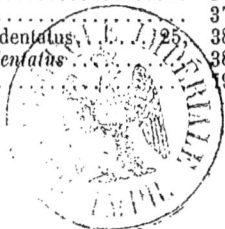

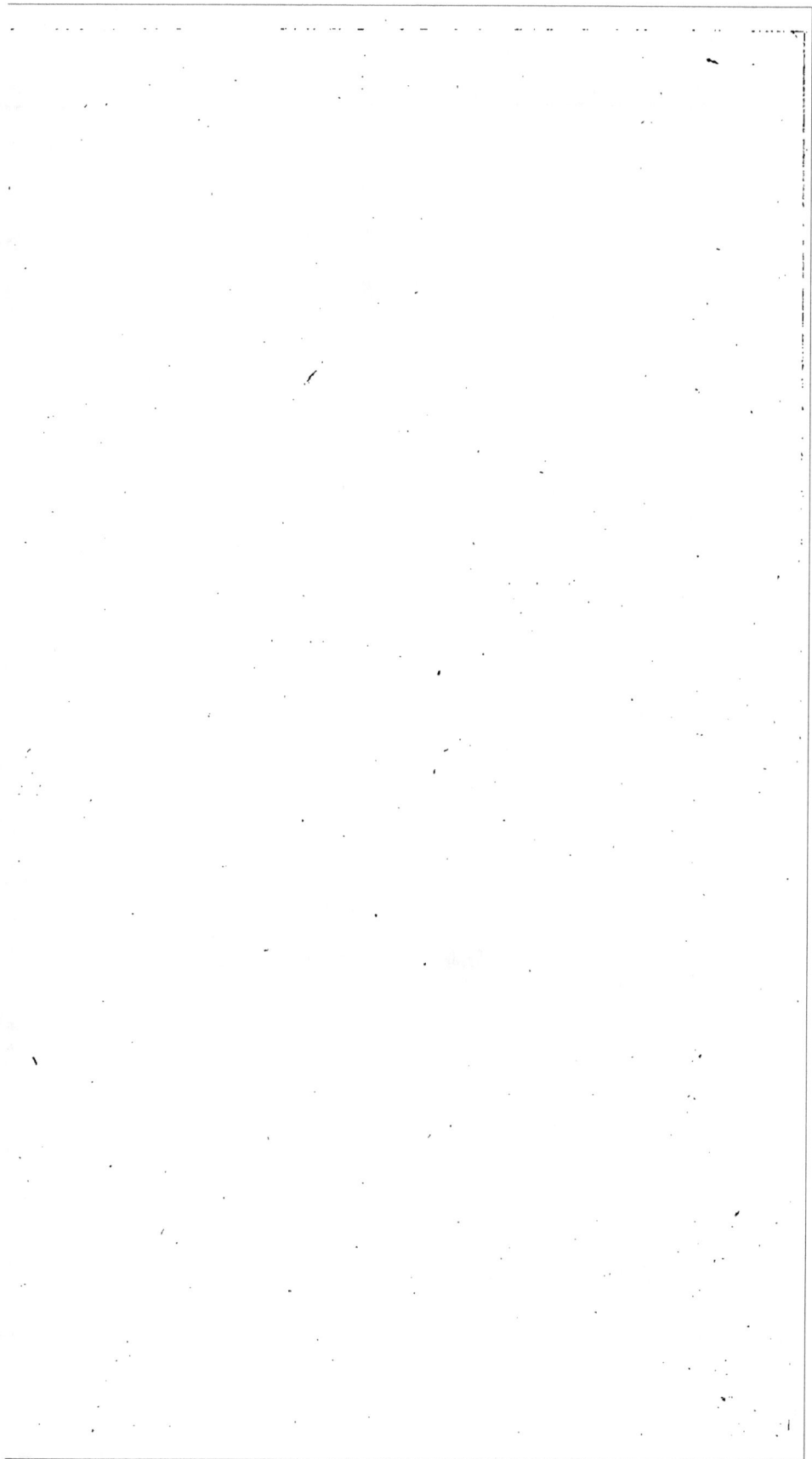

NOTES pour servir à l'histoire des Insectes nuisibles à l'Agriculture, à l'Horticulture et à la Sylviculture, dans le département de la Moselle, par *J.-B. Géhin.*

N° 1 Introduction ;

N° 2 Insectes qui attaquent les blés (1);

N° 3 Insectes du Poirier (1re partie. — Coléoptères).

OUVRAGES DU MÊME AUTEUR :

CATALOGUE des Coléoptères de sa collection ; 2 brochures in-8°.

DESCRIPTION de Coléoptères nouveaux ou peu connus ; brochure in-8°, avec planches coloriées.

CATALOGUE des Insectes observés dans le département de la
Moselle ; 2e édition ; brochure in-8°.

Traduction et Reproduction réservées.

(1) Ces deux numéros sont épuisés ; une deuxième édition en paraîtra
l'an prochain, avec de nombreuses additions.

METZ. — TYPOGRAPHIE JULES VERRONNAIS.

www.ingramcontent.com/pod-product-compliance
Lightning Source LLC
Chambersburg PA
CBHW071817090426
42737CB00012B/2129